KB178856

오일러가 들려주는 복소수 이야기

수학자가 들려주는 **수학** 이야기 36

오일러가 들려주는 복소수 이야기

ⓒ 송온기, 2008

초판   1쇄 발행일 | 2008년 8월 18일
초판 24쇄 발행일 | 2024년 6월 25일

지은이 | 송온기
펴낸이 | 정은영

펴낸곳 | (주)자음과모음
출판등록 | 2001년 11월 28일 제2001-000259호
주소 | 10881 경기도 파주시 회동길 325-20
전화 | 편집부 (02)324-2347, 경영지원부 (02)325-6047
팩스 | 편집부 (02)324-2348, 경영지원부 (02)2648-1311
e-mail | jamoteen@jamobook.com

ISBN 978-89-544-1582-8 (04410)

수학자가 들려주는 수학 이야기

36

오일러가 들려주는

복소수 이야기

| 송 온 기 지음 |

㈜자음과모음

수학자라는 거인의 어깨 위에서
보다 멀리, 보다 넓게 바라보는 수학의 세계!

　수학 교과서는 대개 '결과'로서의 수학을 연역적으로 제시하는 경향이 강하기 때문에 학생들은 수학이 끊임없이 진화해 왔다는 생각을 하기 어렵습니다. 그렇지만 수학의 역사는 하나의 문제가 등장하고 그에 대해 많은 수학자들이 고심하고 이를 해결하는 가운데 새로운 아이디어가 출현해 온 역동적인 과정입니다.

　〈수학자가 들려주는 수학 이야기〉는 수학 주제들의 발생 과정을 수학자들의 목소리를 통해 친근하게 이야기 형식으로 들려주기 때문에 학생들이 수학을 '과거완료형'이 아닌 '현재진행형'으로 인식하는 데 도움이 될 것입니다.

　학생들이 수학을 어려워하는 요인 중의 하나는 '추상성'이 강한 수학적 사고의 특성과 '구체성'을 선호하는 학생의 사고의 특성 사이의 괴리입니다. 이런 괴리를 줄이기 위해서 수학의 추상성을 희석시키고 수학 개념과 원리의 설명에 구체성을 부여하는 것이 필요한데, 〈수학자가 들려주는 수학 이야기〉는 수학 교과서의 내용을 생동감 있게 재구성함으로써 추상적인 수학을 구체성을 갖는 수학으로 변모시키고 있습니다. 또한 중간중간에 곁들여진 수학자들의 에피소드는 자칫 무료해지기 쉬운 수학 공부에 있어 윤활유 역할을 할 수 있을 것입니다.

〈수학자가 들려주는 수학 이야기〉의 구성을 보면 우선 수학자의 업적을 개략적으로 소개하고, 6~9개의 강의를 통해 수학 내적 세계와 외적 세계, 교실 안과 밖을 넘나들며 수학 개념과 원리들을 소개한 후 마지막으로 강의에서 다룬 내용들을 정리합니다. 이런 책의 흐름을 따라 읽다 보면 각 시리즈가 다루고 있는 주제에 대한 전체적이고 통합적인 이해가 가능하도록 구성되어 있습니다.

〈수학자가 들려주는 수학 이야기〉는 학교 수학 교과 과정과 긴밀하게 맞물려 있으며, 전체 시리즈를 통해 학교 수학의 많은 내용들을 다룹니다. 예를 들어 《라이프니츠가 들려주는 기수법 이야기》는 수가 만들어진 배경, 원시적인 기수법에서 위치적 기수법으로의 발전 과정, 0의 출현, 라이프니츠의 이진법에 이르기까지를 다루고 있는데, 이는 중학교 1학년의 기수법의 내용을 충실히 반영합니다. 따라서 〈수학자가 들려주는 수학 이야기〉를 학교 수학 공부와 병행하면서 읽는다면 교과서 내용의 소화 흡수를 도울 수 있는 효소 역할을 할 수 있을 것입니다.

뉴턴이 'On the shoulders of giants'라는 표현을 썼던 것처럼, 수학자라는 거인의 어깨 위에서는 보다 멀리, 넓게 바라볼 수 있습니다. 학생들이 〈수학자가 들려주는 수학 이야기〉를 읽으면서 각 수학자들의 어깨 위에서 보다 수월하게 수학의 세계를 내다보는 기회를 갖기를 바랍니다.

홍익대학교 수학교육과 교수 | 《수학 콘서트》 저자 박 경 미

수학자라는 거인의 어깨 위에서

보다 멀리, 보다 넓게 바라보는 수학의 세계!

대학에서 복소함수론을 수강했을 때, 내게는 작은 충격이 있었다. 고등학생 시절까지만 해도 별것 아니라 생각했던 허수 단위 i라는 녀석이 이렇게 수학의 구석구석에서 강력한 도구로 작용하여 문제들이 간단하게 해결되는 경우를 많이 보게 되었기 때문이었다. 그 후로 복소수가 어디에 활용된다고 하면 그 분야에 관련된 책을 찾아보거나 인터넷을 검색해 보기도 하고, 복소수와 관련한 프랙탈, 푸리에 변환 등 복소수를 이용한 여러 문제에 관심을 가지게 되었다. 그러던 중 이렇게 복소수와 관련한 책을 쓸 기회를 갖게 되어 기쁘다.

게다가 이 글의 강사로 맡은 오일러는 두 눈을 잃어서까지도 수학을 놓지 않은 수학자로 그 열정은 내게 큰 자극이 되었다. 혹시 우리나라에서도 오일러와 같은 열정을 가진 수학자가 나올지 누가 알까?

허수는 방정식의 해를 찾다가 풀리지 않는 방정식을 보고, 없는 해를 억지로 만들어 해로 만들다가 생겨났다. 이 과정은 몇몇 수학자들의 창의력으로 생겨난 것이다. 우리 주변에서도 불가능이라고 생각했던 것들이 있겠지만, 이 불가능을 가능으로 만드는 것이 창의력의 시작이다. 복소수는 사고의 전환과 동시에 혁명이다. 우리가 가진 고정관념을 깨고 더 큰 시야로 수학을 바라보도록 하자.

이 책은 초등학교 고학년 학생과 중학생을 대상으로 쓰였지만, 고등학생들도 읽어 보면 수학에 대한 교양을 쌓는 데 많은 도움이 될 것이라 생각된다. 내용이 다소 어려운 부분은 체크를 해 두고 넘어가도 별 무리가 없다. 다시 복소수를 접할 기회가 있으면 그때 체크한 부분을 다시 보게 되면 새롭게 이해할 수 있을 것이다.

학교에서 복소수에 대한 부분은 매우 조금만 다루고 있지만, 이 책을 통해 복소수가 수학과 우리 생활에서 아주 편리한 도구로써 사용된다는 정도만이라도 알 수 있으면 하는 바람이다.

2008년 8월 송 온 기

:: 차례

1 이 책은 달라요

《오일러가 들려주는 복소수 이야기》는 우리가 주변에서 쉽게 접할 수 있는 자연수로부터 정수, 유리수, 실수로 수의 범위를 확장하여 허수의 도입 배경을 설명합니다. 허수의 발견을 통해 만들어진 복소수의 필요성과 활용 분야를 알기 위해서 먼저 복소수와 친숙해지는 과정이 필요합니다. 그래서 복소수의 연산을 다루고, 복소수를 복소평면에 나타내 보기도 합니다. 극좌표와 연결 지어 좌표평면에서 나타나는 아름다운 곡선을 만나보면서 복소수만이 가진 특별한 성질에 대해 알아봅니다.

오일러는 눈이 멀어서도 수학에 대한 열정을 포기하지 않은 수학자였고, 그가 만든 기호들은 지금도 수학을 공부하는 이들에게 수없이 사용되고 있습니다. 이 책에서 이야기하는 허수 단위 i도 오일러가 만들어낸 수입니다. 오일러와 함께 복소수를 공부하다 보면 학교에서 피상적으로 배웠던 복소수가 얼마나 유용한 도구인지 알게 될 것입니다.

2 이런 점이 좋아요

1 자연수에서 복소수로 수를 확장하면서 수가 형성되는 과정을 이해할 수 있습니다. 학생들은 수의 확장을 여러 해에 걸쳐 배우기 때문에 새로운 수의 도입 과정에 대한 이해가 부족할 수 있지만, 이 책을 통해 중고등학교에서 배우는 모든 수들을 다루기 때문에 새로운 수를 도입하게 된 배경을 알 수 있습니다.

2 가급적 복잡한 수식이나 문자를 줄이고 주로 그림을 첨부하고 설명을 했기 때문에 초등학교 고학년 학생이나 중학생들도 쉽게 이해할 수 있을 것입니다. 또, 가급적 학생들이 이해하기 어려운 내용이나 대학 과정의 내용은 다음 단원에서 언급을 줄이고, 꼭 알아야 할 중요한 내용은 반복하여 설명하였습니다.

3 고등학생이나 수학을 취미로 공부하는 사람들에게는 복소수의 다양한 활용 분야를 접할 수 있습니다. 학교 교과서에서는 조금만 언급되어 있을 뿐이어서 복소수의 내용 보충이 필요한 학생들이나 일반인들에게 사고의 폭을 넓힐 수 있는 좋은 계기가 될 것입니다.

3 교과 과정과의 연계

구분	학년	단원	연계되는 수학적 개념과 내용
초등학교	4-가	자연수의 사칙계산	자연수의 덧셈, 뺄셈, 곱셈, 나눗셈
	6-가	분수와 소수	분수와 소수의 관계
중학교	7-가	문자와 식	정수와 유리수의 사칙계산, 문자의 사용
	8-가	수와 연산	유리수와 순환소수, 다항식의 계산
	9-가	실수와 식의 계산	제곱근, 다항식의 곱셈
고등학교	10-가	복소수	복소수의 기본 성질

4 수업 소개

첫 번째 수업 _ 허수와 복소수의 등장

자연수, 정수, 유리수, 실수로부터 자연스럽게 허수를 등장시키고, 앞으로 배울 내용에 대한 암시를 해 줍니다.

- 선수 학습 : 정수, 유리수, 실수에 대한 이해
- 공부 방법 : 지금까지 배운 수에는 어떤 것들이 있는지 살펴보고, 복소수가 어떻게 만들어지는지에 대해 중점적으로 관심을 가지고 살펴봅니다. 복소수가 왜 필요한지, 어디에서 이용되는지에 대해서

도 생각해 봅니다.

- 관련 교과 단원 및 내용
- (7-가) 정수와 유리수의 개념에 대하여 이해합니다.
- (9-가) 무리수의 개념을 이해하고, 실수의 성질에 대하여 알아봅니다.

두 번째 수업 _복소수의 사칙연산

복소수에서는 덧셈, 뺄셈, 곱셈, 나눗셈이 어떻게 이루어지는지 살펴봅니다. 실수와 문자에 대한 이해만 있으면 쉽게 이해할 수 있는 단원입니다.

- 선수 학습 : 복소수의 정의에 대한 이해, 실수부분과 허수부분의 개념 이해
- 공부 방법 : 복소수의 사칙연산에 관련된 문제를 풀어 보면서 복소수에 익숙해지도록 합니다.
- 관련 교과 단원 및 내용
- (9-가) 다항식의 곱셈과 인수분해에서 곱셈공식과 관련하여 복소수의 곱셈과 비교하여 생각해 봅니다.

세 번째 수업 _복소수와 복소평면

복소수를 수직선에는 모두 나타낼 수 없지만, 복소평면에는 어떤 복소수도 표시할 수 있습니다.

- 선수 학습 : 좌표평면, 좌표로 나타내기, 실수의 절댓값
- 공부 방법 : 좌표평면과 복소평면을 비교해 가면서 유사점을 발견합니다. 실수를 수직선에 대응시켜 실수의 성질을 알아보듯이, 복소수를 좌표평면에 대응시켜 복소수의 성질을 살펴봅니다.
- 관련 교과 단원 및 내용
- (7-가) 유리수의 대소 관계 단원에서 절댓값이란 개념이 수직선을 이용하여 도입되었듯이 복소수의 절댓값이란 개념을 도입하는 방법도 비교하며 생각해 봅니다.
- (9-나) 피타고라스의 정리 : 복소수의 절댓값을 구하기 위해서는 피타고라스의 정리가 필요하기 때문에 내용을 미리 알고 있다면 복소수를 다루기가 수월합니다.

네 번째 수업 _복소평면에서 복소수의 사칙연산

복소수의 덧셈과 뺄셈을 복소평면에서 쉽게 계산할 수 있습니다. 도형을 이용한 연산이 어려울 경우에는 수식을 이용하고, 수식을 이용하기 어려울 경우에는 도형을 이용하기도 하면서 문제 해결이 쉬운 방법을 찾는 과정을 공부할 수 있습니다. 회전연산자로써 i를 잘 활용할 수 있다면 도형 문제 해결에 유용한 방법을 찾을 수 있습니다.

- 선수 학습 : 복소수의 사칙연산, 복소수의 절댓값과 편각
- 공부 방법 : 복소평면 위에서 직접 실험을 해 보고, i를 활용하여 도형의 회전과 관련된 문제를 풀어 봅니다.

• 관련 교과 단원 및 내용

- (5-나) 도형의 합동과 대칭 단원과 관련하여 복소평면에서도 합동과 대칭을 관련지어 생각해 봅니다.

다섯 번째 수업 _ 극좌표와 복소수

복소평면에 절댓값과 편각은 극좌표와 관련지어 극방정식이란 개념을 만들고, 이로부터 다양한 그래프가 만들어집니다. 여기서 만들어지는 부드러운 곡선들로 이루어진 꽃 모양이나 하트 모양을 관찰하면서 수식으로 만들어지는 그림에 대해서 관심을 가질 수 있습니다.

• 선수 학습 : 복소수의 절댓값과 편각

• 공부 방법 : 기본적으로 원과 직선 같은 간단한 도형을 먼저 관찰해 봅니다. 그리고 그 특징을 알아본 다음 극좌표로 확장하여 복소평면에 나타나는 여러 극방정식의 모양을 살펴보고, 응용력을 기르도록 합니다.

• 관련 교과 단원 및 내용

- (7-가) 정비례와 반비례 관계를 이용하여 간단한 직선이나 곡선을 좌표평면에 그릴 수 있습니다.

- (8-가) 일차함수를 이용하여 좌표평면에 직선을 그릴 수 있습니다.

- (9-가) 에서 배우는 이차함수를 이용하여 포물선을 그리고,

- (10-나) 10-나에서는 원의 방정식을 좌표평면에 나타낼 수 있습니다. 그 밖의 함수나 방정식을 이용하여 어떠한 곡선을 만들 수

있을지 생각해 봅니다.

여섯 번째 수업_초월함수와 복소수

복소수는 수를 자연수에서 유리수, 실수 등으로 확장하면서 탄생하였습니다. 학교에서 배우는 식 중에서는 식의 범위에 제한을 두어 계산을 할수 없는 식들이 많지만, 범위를 확장하여 생각할 수 있는 식들이 많이 있습니다.

예를 들어, 초등학교에서 $3-5$는 계산할 수 없다고 하지만, 중학교에서는 $3-5=-2$라고 가르칩니다. 이처럼 학교에서 배우는 내용 중에는 수의 범위를 넘기 때문에 계산할 수 없다고 넘어가는 경우가 많습니다. 복소수 범위에서 이 문제가 자연스럽게 해결되는 경우가 많습니다.

- 선수 학습 : 삼각함수 $\sin, \cos, \tan$의 의미, 로그 및 지수

- 공부 방법 : 내용이 어렵기 때문에 초등학생이나 중학생들은 그냥 넘어가도 되는 부분입니다. 주로 고등학교 1학년 이상이 되면 이해할 수 있는 부분입니다. 지수와 로그는 고등학교 2학년 과정이기 때문에 그 이상이 되어야 이해할 수 있는 부분이기도 합니다.

- 관련 교과 단원 및 내용

- (8-가) 지수법칙을 공부할 때 지수가 왜 항상 자연수만 될 수 있는지 궁금증을 가지고 이 책을 읽어 봅니다. 지수가 0, 음의 정수, 유리수도 가능할지 의문을 가져 봅시다.

- (9-나) 삼각비에서 간단한 삼각함수를 배웁니다. 삼각비의 각을

0°와 90°사이의 각으로 제한하는데 270°라든지, −30°에 대한 삼각비도 가능할지 관심을 가지고 봅시다.

일곱 번째 수업_복소수의 활용

우리가 배운 복소수가 실제 어디에 활용되는지 알아봅니다. 복소수가 실제 우리 생활에 활용되기까지는 복소수뿐만 아니라 수학 전반에 대한 상당한 전문 지식이 필요합니다. 복소수가 중점적으로 활용되는 분야에 대하여 예를 들어 보았습니다.

- 선수 학습 : 전기 및 일상생활과 자연에 대한 관심
- 공부 방법 : 실생활에서 자연을 주의 깊게 관찰하고 그 안에 숨겨진 규칙을 찾아 이 강의의 어떤 내용과 관련이 있는지 생각해 봅니다. 복소수를 발견하는 과정과 같이 우리 주변에서 불가능하다고 생각하는 것들은 창조를 통해 가능으로 만들 수 있는지 찾아봅시다.
- 관련 교과 단원 및 내용
- 고등학교 수학 1 과정의 수열을 복소수 범위로 확장시켜서 수열을 다시 공부한다면 어떤 규칙이나 정리를 찾아 낼 수 있을까 생각해 볼 수 있습니다.
- TV나 영화를 보면 전파신호나 영상이 나올 때가 있는데, 이것이 복소수와 어떤 관련이 있는지 발견해 봅시다.

오일러를 소개합니다

Leonhard Euler (1707~1783)

나는 스위스에서 태어난 오일러입니다.

해석학의 화신, 최대의 알고리스트 등으로 불렸지요.

미적분학과 대수학, 정수론 등을 발전시켰습니다.

내 이름을 딴 '오일러의 정리'도 있답니다.

 여러분, 나는 오일러입니다

　안녕하세요. 앞으로 일곱 시간에 걸쳐 강의를 하게 된 레온하르트 오일러Leonhard Euler라고 합니다. 겨울 난방을 책임지는 보일러, 아니죠. 오일러, 맞습니다. 지난 2007년은 내가 태어난 지 300년이 되는 해라서 세계 각 나라에서 나의 생일을 기념하는 행사가 많았습니다.

　나는 수학, 천문학, 물리학뿐만 아니라 의학, 식물학, 화학 등 많은 분야를 광범위하게 연구하면서 여러 성과를 남겼습니다. 18세기 수학 발전에 질적으로나 양적으로 저보다 뛰어난 사람은 없다고 합니다. 평생 내가 내놓은 책과 논문만 해도 500여 편 정도 됩니다. 매달 꾸준히 책을 한 권씩만 쓴다고 해도 40년

동안 쉬지 않고 써야 하니 얼마나 많이 썼는지 아시겠죠?

　나는 스위스의 바젤이란 도시에서 태어났습니다. 아버지가 목사님이셔서 그런지 저도 어려서부터 목사가 되고 싶었습니다. 아버지는 내가 어려서부터 수학에 남다른 재능이 있다고 생각하셨는지 당시 유명한 수학자였던 요한 베르누이 선생님을 소개시켜 주셨죠. 베르누이 선생님은 자상하게 수학을 잘 가르쳐 주었습니다. 하지만 나는 궁금한 문제는 반드시 해결하고야 마는 성격이라서 선생님께 질문을 아주 많이 해서 선생님을 귀찮게 한 적도 많았습니다. 요한 베르누이 선생님의 아들인 다니엘 베르누이는 나와 매우 친한 친구였습니다. 그는 러시아에 있는 대학에 들어가서 저에게 좋은 교수 자리도 소개시켜 주었답니다.

　그런데 그 교수 자리는 뜻하지 않은 의학과 생리학 분야였어요. 그래도 그 당시까지 나는 학업과 저술 활동에 전념하였고, 그로 인해 오른쪽 눈의 시력이 많이 약해졌습니다. 그러면서도 학업을 게을리 하지 않았으며 계속해서 많은 논문과 책들을 발표하였습니다.

　다니엘이 스위스로 돌아가면서 수학 교수 자리를 물려주었기에 수학에 전념할 수 있게 되었습니다. 외눈박이가 된 나는 미리 책을 볼 수가 없게 될 것을 예감하여 양쪽 눈을 감고 수학 문제 푸는 연습을 꾸준히 해 왔습니다.

음악가 베토벤이 귀먹은 것이 장애가 되지 않은 것처럼, 저의 신체적인 결함은 수학에 대한 의욕을 꺾지 못했습니다. 하지만 독일에서 수학을 공부하다 러시아로 돌아와 연구를 계속하던 중 나머지 한쪽 눈마저 멀게 되고 말았지요.

수학자들에게 있어 실명은 거의 사형선고나 마찬가지입니다. 그러나 저는 한쪽 눈이 멀었을 때에는 "한 눈으로 보니 뚜렷하게 잘 보인다."라고 했고, 두 눈이 멀었을 때에는 "이제야 두 눈이 같게 되어 덜 혼란스럽다."라고 하여 긍정적인 사고를 잃지 않았습니다. 양쪽 눈이 모두 멀고 난 후에도 비서에게 문제를 칠판에 적게 하여 이야기를 나누면서 문제 풀이에 전념했습니다.

내가 수학만 했다고 따분하고 매정해 보일지도 모르겠습니다. 하지만 나는 야채 기르기를 취미로 삼았고, 13명의 자녀에게 이야기를 들려주며 인생을 다양하고 재미있게 보냈답니다.

76세에 한 제자와 천왕성의 궤도에 대하여 이야기를 하다가 인생을 마감하였지만, 수학, 물리학, 의학, 천문학 등에서 많은 연구를 하여 그곳에서 저의 이름을 많이 남겨 놓았기에 오늘날 수학자들이 내 이름을 기억해 주고 있는 것 같아 기쁩니다.

복소수에서 허수 단위를 i라고 쓴 것, sin, cos, tan의 기호, 위상수학에서 사용되는 오일러 공식, 세상에서 가장 아름다운 방정식으로 불리는 오일러 방정식 등. 제가 만들어 놓은 수학 공식들을 자주 이용하여 주시고, 수학의 아름다움에 푹 빠져 보길 바랍니다.

언제 눈이 멀지 몰라.

눈을 감고 수학문제를 푸는 거야.

1771년 결국 실명이 되었습니다.

하하하! 이제야 두 눈이 같게 되어 덜 혼란스럽군.

눈이 먼 후에도 긍정적인 생각을 갖고 수학 연구를 게을리 하지 않았습니다.

방정식과 수식에 대해 말로 설명할 테니 받아 적게나.

네 선생님.

나는 실명을 했지만 평생 내 놓은 책과 논문만 해도 500여 편 정도 됩니다.

어떤 역경도 내 수학에의 열정은 꺾을 순 없어.

오일러가 들려주는 복소수 이야기

허수와 복소수의 등장

허수란 제곱해서 −1이 되는 수를 말합니다.

첫 번째 학습 목표

1. 허수가 어떻게 해서 생겨났는지 알 수 있습니다.

2. 복소수가 무엇인지 알 수 있습니다.

미리 알면 좋아요

1. **유리수** : $\dfrac{정수}{정수}$ 와 같이 분수 꼴로 나타낼 수 있는 수 단, 분모는 0이 아님

   예를 들면, $\dfrac{3}{2}$, $-\dfrac{1}{2}$, 3, 0은 모두 $\dfrac{3}{2}$, $-\dfrac{1}{2}$, $\dfrac{3}{1}$, $\dfrac{0}{1}$ 과 같이 $\dfrac{정수}{정수}$ 의 형태로 나타낼 수

   있기 때문에 모두 유리수입니다. 유리수를 소수로 바꾸어 표현하면 유한소수와 순환소

   수로 나눌 수 있습니다. 예를 들면, $\dfrac{5}{4}$, $\dfrac{2}{3}$, $\dfrac{3}{11}$ 을 소수로 나타내면 1.25, 0.6666⋯,

   0.272727⋯로 표현할 수 있는데, 1.25처럼 소숫점 뒤 몇째 자리에서 끝이 나는 소수

   를 유한소수라 하고, 0.6666⋯, 0.2727⋯처럼 일정한 패턴으로 반복되는 소수를 순환

   소수라고 합니다.

2. **무리수** : 순환하지 않는 무한소수로 나타내어지는 수

   예를 들면, 원의 둘레를 지름으로 나눈 원주율 $\pi=3.141592\cdots$는 순환하지 않고 무한

   히 계속되는 소수이기 때문에 무리수이며, 제곱해서 2가 되는 수, 즉

   $\sqrt{2}=1.41421356\cdots$도 소숫점 뒤의 숫자들이 일정한 규칙도 없이 무한히 계속되기 때

   문에 무리수입니다.

3. **실수** : 유리수와 무리수를 총칭하는 수

   유리수는 유한소수이거나 순환하는 무한소수이고 무리수는 순환하지 않는 무한소수인

   데, 이 모든 것을 합하여 실수라고 합니다. 수직선에 찍을 수 있는 모든 점들이 실수라

   고 생각하면 됩니다.

오늘 첫 강의 시간에는 허수와 복소수가 무엇인지 알아보려고 해요. 아마 여러분 중에 실수나 유리수는 들어보았더라도 이해하기 조금 어려운 개념인 허수나 복소수에 대해 들어 본 사람은 그리 많지 않을 거라 생각해요. 하지만, 복소수를 자세히 공부한 후 우리 주변의 자연 현상을 자세히 관찰하면 복소수가 여기저기에서 자연을 살아 움직이게 하는 것을 느낄 수 있답니다. 여러분들도 이 수업을 통해 자연의 일부로 살아가는 인간으로써 수학의 아름다움을 느낄 수 있기를 바랍니다.

먼저, 복소수를 다루기 전에 지금까지 여러분들이 알고 있는 수의 종류에는 어떤 것들이 있는지 서로 이야기해 보도록 할까요?

복만이가 먼저 자신 있게 이야기했다.

"1, 2, 3, 4, … 와 같이 물건의 개수를 세거나 사람들이 몇 명 모였는지 셀 때 사용하는 자연수가 있어요."

"$\frac{1}{2}$, $\frac{2}{3}$, $1\frac{1}{5}$과 같은 분수도 있어요. 분수에는 분모가 분자보다 큰 진분수, 분자가 더 큰 가분수가 있어요. 가분수는 정수와 분수로 이루어진 대분수로 고칠 수도 있어요."

민수가 가분수를 이야기할 때 다른 아이들보다 머리가 꽤 큰 똘똘이의 눈치를 보자 아이들이 낄낄대며 웃었다. 이어서 똘똘이는 주위 친구들의 눈치에 신경 쓰지 않고 자신 있게 아는 척을 했다.

"그 외에 0.1, 0.2, 1.25와 같은 소수도 있어요. 자연수와 분수 모두 소수로 고칠 수 있지요. 이렇게 소수로 고치면 대분수와 가분수는 한가지로 표현이 되죠."

"숫자를 큰 수부터 거꾸로 셀 때, 3, 2, 1, 0 다음에는 −1, −2, −3과 같이 작아지는 음수도 있다고 들었어요."

평소에 호기심이 많은 희진이도 언젠가 언니에게서 들었던 이
야기를 했다.

"원의 둘레를 원의 지름으로 나누면 π 파이라고 부르는 원주율
을 구할 수 있어요. 원주율은 3.141592…와 같이 어느 특정 숫
자들이 반복 없이 끝없이 계속 되는 소수이기 때문에 분수로 고
칠 수도 없습니다. 이런 수를 무리수라고 하죠."

평소 수학 문제 푸는 것을 유별나게 좋아하는 유별이도 대답했다.

아이들은 저마다 자신이 알고 있는 수들을 이야기했다. 오일러는 학생들이 초등학교에서 배우거나 또는 들었던 수들을 나름대로 자신 있게 대답하는 모습을 보고 놀랐다. 한편으로는 여러 가지 수를 알고 있는 학생들을 보고 학생들 각자가 수학에 대한 깊은 관심이 있다는 것을 흐뭇하게 생각했다.

여러분이 이렇게 수에 대해서 많이 아는 것을 보고 놀랐어요. 그럼 여러분들이 알고 있는 수들을 모두 모아 분류를 해 보도록 해요.

먼저 계산하기에 앞서 가장 간단한 정수에 대해 알아봅시다.

정수에는 양의 정수, 0, 음의 정수 이렇게 세 가지가 있어요.

정수		
음의 정수		양의 정수 =자연수
$-1, -2, -3, -4,$	0	$1, 2, 3, 4,$
...		...

양의 정수는 우리가 흔히 말하는 자연수인데, 1부터 시작해서 2, 3, 4, 5, …를 말합니다. 정확히 말하면 $+1, +2, +3, +4,$

오일러가 들려주는 복소수 이야기

…처럼 숫자 앞에 '＋플러스' 기호를 붙여야 하지만, 숫자가 혼자서 쓰이거나 식의 맨 앞에 나올 때에는 '＋' 기호를 생략해도 누구나 알 수 있기 때문에 생략한답니다.

음의 정수는 양의 정수 앞에 '－마이너스' 기호를 붙인 것입니다. －1, －2, －3, －4, … 등이 있죠. 아래의 수직선에서 오른쪽으로 갈수록 큰 수를 의미하고, 반대로 왼쪽으로 갈수록 작은 수를 의미한답니다. 예를 들어, －1보다 3이 큰 수는 －1에서 오른쪽으로 세 칸 가면 2가 되므로, $(-1)+(+3)=(+2)$처럼 계산하면 되죠.

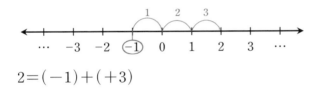

$$2=(-1)+(+3)$$

"선생님, 그런데 음의 정수는 어디에 쓰이나요?"
호기심 많은 희진이가 물었습니다.

우리 주변에서 음수는 많이 볼 수 있어요. 가장 쉽게 볼 수 있는 것은……. 매일 아침 뉴스를 보면 오늘의 날씨가 나오죠? 날씨가 따뜻하면 '영상 15℃', 추우면 '영하 5℃' 라고 이야기를 합니다. 바로 '영상'이 양수, '영하'가 음수라고 생각하면 딱 맞아요. 0을 기준으로 하여 0보다 큰 수가 양수라면 0보다 작은 수가 음수가 되는 것이지요.

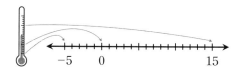

다음은 유리수에 대하여 알아봅시다.

유리수_{有理數 : rational number}란 $\dfrac{(정수)}{(정수)}$ 인 기약분수로 표시할 수 있는 수_{분모는 0이 아님}를 말합니다. $\dfrac{1}{2}$, 3.5, $-\dfrac{1}{3}$, 4 등은 모두 $\dfrac{1}{2}$, $\dfrac{7}{2}$, $\dfrac{-1}{3}$, $\dfrac{4}{1}$와 같이 기약분수로 고칠 수 있기 때문에 유리수들이랍니다.

다음의 수들 중에서 유리수를 찾아볼까요?

$$\frac{1}{2},\ 3,\ 0,\ 1\frac{1}{3},\ -2,\ -\frac{5}{3},\ 0.1,\ 0.222\cdots$$

아이들은 유리수를 찾기 시작했다.

여러분은 몇 개나 찾을 수 있나요? 사실 여기 나온 모든 수가 유리수에요.

학생들이 허무한 듯 웃음 지었다.

위의 수들은 아래와 같이 모두 $\frac{(정수)}{(정수)}$ 꼴의 기약분수로 나타낼 수 있어요.

$$\frac{1}{2}, \ \frac{3}{1}, \ \frac{0}{1}, \ \frac{4}{3}, \ \frac{-2}{1}, \ \frac{-5}{3}, \ \frac{1}{10}, \ \frac{2}{9}$$

똘똘이가 오일러의 설명을 듣다가 갑자기 생각난 듯이 질문을 꺼냈다.

"선생님 유별이가 유리수 말고 무리수라는 것이 있다고 했는데요, 제 생각엔 유리수 정도면 모든 수를 다 배운 것 같은데 무리수는 뭔가요? 그리고 유리수, 무리수까지 배우면 모든 수를 다 배운 건가요?"

아주 좋은 질문이에요. 다음에 바로 **실수** 實數 : real number에 대해 이야기하려고 했어요. 실수는 유리수와 무리수를 포함하는 개념이에요. 유리수는 방금 전에 우리가 배웠고, 유리수가 아닌 실수를 무리수라고 합니다. 그럼 무리수에 대해서 알아보기 위해 다음 문제를 볼까요?

넓이가 2인 정사각형에서 한 변의 길이는 얼마인가?

정사각형의 넓이는 (한 변의 길이)×(한 변의 길이)인데, 같은 수를 두 번 곱해서 2가 되는 수는 무엇일까요?

"글쎄요, 1은 제곱하면 1이고, 2는 제곱하면 4니까, 1과 2 사이에 있는 수가 아닐까요?"

좋은 추측이에요. 그와 같은 방법으로 하면 1.5의 제곱은 2.25니까 정사각형의 한 변의 길이는 1과 1.5 사이의 수가 되겠지요?

아이들은 고개를 갸우뚱거리며 궁금해 하는 표정으로 오일러를 바라보았다.

자, 그럼 여러분이 가지고 온 계산기를 꺼내서 다음을 한번 계산해 보세요.

$$1.414 \times 1.414$$

$$1.41421 \times 1.41421$$

$$1.41421356 \times 1.41421356$$

아이들은 제각기 계산기를 꺼내서 계산해 보았다. 어떤 아이들은 휴대폰의 계산기 기능을 이용하여 계산해 보기도 했다. 오일러는 컴퓨터에 보조 프로그램으로 깔려 있는 계산기를 화면에 띄워 아이들에게 보여 주었다.

$$1.414 \times 1.414 = 1.999396$$

$$1.41421 \times 1.41421 = 1.9999899241$$

$$1.41421356 \times 1.41421356 = 1.9999999932878736$$

2에 가까운 수를 만들려면 1.41421356…처럼 뭔가 계속되는 수가 되죠? 1.414…에서 뒤의 숫자만 조절하면 2를 만들 수 있을 것 같기도 하고요. 두 번 곱한다는 것을 제곱이라고 하는데, 제곱해서 2가 되는 수를 수학에서는 $\sqrt{2}$ '루트 2'라고 읽어요라고 씁니다. 숫자 위의 $\sqrt{}$ 루트 : root 기호는 제곱근을 나타내는 기호인데요, 허수와 복소수의 탄생에 기여한 기호라고 할 수 있죠. 계산기에 2를 누른 후 $\sqrt{}$ 를 누르면 위의 1.41421…라는 값이 나올 거예요.

$\sqrt{X}$: 제곱해서 X가 되는 수

$2^2 = 4$ 이므로 $\sqrt{4} = 2$

오일러가 들려주는 복소수 이야기

$3^2=9$ 이므로 $\sqrt{9}=3$

$4^2=16$ 이므로 $\sqrt{16}=4$

그런데 실제로 $\sqrt{2}=1.41421356237309504880168887242\cdots$
로 아무리 좋은 계산기를 써 봐도 소수점 이하의 계속되는 숫자
가 규칙도 없고 반복되지도 않으며 끝없이 계속되는 수가 되요.
이런 수를 무리수라고 합니다. 즉 순환하지 않는 무한 소수를 무
리수라고 하죠. $\sqrt{2}$가 유리수가 아님을 증명할 때에는 '귀류법' 이라는 증명법을 이
용합니다. 여러분이 잘 알고 있는 $\pi=3.14159265358979\cdots$ 원주율
도 무리수랍니다.

여기서 '순환하지 않는' 이 붙은 이유는 유리수 $\frac{1}{7}$의 경우 이것
을 소수로 고치면 $0.142857142857142857142857142857\cdots$
가 되는데 이를 자세히 보면 소수점 바로 뒤부터 142857이 계속
순환하는 것을 알 수 있어요. 처음 몇 자리는 순환하지 않더라도
어느 순간부터 순환하는 소수는 모두 분수로 고칠 수가 있기 때
문에 유리수가 된답니다. 다음은 몇 개의 순환소수를 분수로 고
친 것이죠. 《스테빈이 들려주는 분수와 소수 이야기》 참고

$$0.12\dot{7}77\cdots = \frac{127-12}{900} = \frac{115}{900}$$

$$0.127272727\cdots = \frac{127-1}{990} = \frac{126}{990}$$

그래서 지금까지 배운 유리수와 무리수를 이용하면 수직선 위의 모든 점에 해당하는 수를 찾을 수 있답니다.

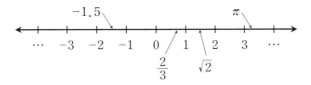

여기서 0의 오른쪽에 있는 수, 즉 0보다 큰 수를 양수라고 하고, 0보다 작은 수들을 음수라고 해요. 음수에는 모두 숫자 앞에 '−'기호가 붙어 있는 것을 알 수 있습니다. 유리수와 무리수는 실제 크기를 잴 수도 있고, 덧셈, 뺄셈, 곱셈, 나눗셈의 네 가지 연산을 모두 자유롭게 할 수 있지요.

지금까지 여러분이 배운 수 집합의 포함 관계를 확인해 봅시다.

오일러가 들려주는 복소수 이야기

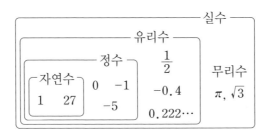

　그림에서 보면 우리가 알고 있는 수들의 거의 모두가 실수라는 것을 알 수 있을 거예요.

　그렇다면 실수를 포함하면서 실수보다 더 큰 집합이 있을까요? 그것이 바로 우리가 배울 복소수라는 겁니다. 지금까지의 수는 대부분 수 자체와 수의 사칙 계산에 대한 탐구로부터 발생되었다고 한다면, 복소수는 방정식의 풀이에서 생겨난 것으로 그 출생 방법이 기존의 수와는 다르답니다. 그럼 허수와 복소수가 무엇이고, 어떻게 생겨났는지를 간단하게 살펴보기로 합시다.

▨허수의 탄생과 복소수

허수는 순전히 방정식을 풀다가 발견된 수인데, 이 녀석을 수로 인정하기까지는 아주 오랜 시간이 걸렸습니다. 다음 문제를 봅시다.

문제1

어떤 수를 제곱하였더니 -1이 되는 수는 얼마인가?

"-1이 아닐까요? $(-1) \times (-1) = (-1)$? 아, 아니구나. $(-1) \times (-1) = (+1)$인데……."

복만이는 잠시 생각하더니, 다시 물었다.

"이상하네, 그런 수가 있나요?"

"그러게요, 어떤 수를 제곱한다는 말은 같은 수를 두 번 곱하는 건데, (양수)×(양수)＝(양수), (음수)×(음수)＝(양수)인데, 어떻게 음수인 −1이 나올 수 있나요?"

희진이도 궁금한 표정으로 오일러를 바라보며 물었다.

맞아요. 이것은 실제 세계에는 존재하지 않지만, 상상의 세계에서는 존재하는 수예요. 즉 실수라는 집합 안에서는 이런 수를 찾을 수가 없다는 것이죠. 억지로 이런 수를 만들고자 할 때는 앞에서 배운 $\sqrt{}$ 라는 기호를 이용하면 $\sqrt{-1}$처럼 쓸 수가 있어요. 제곱해서 −2가 되면 $\sqrt{-2}$라고 쓰면 되지요. 이러한 방식은 이탈리아의 수학자 카르다노1501~1576가 방정식의 해를 구하는 과정에서 처음으로 사용했던 방식입니다.

"이건 너무 억지인 것 같아요. $\sqrt{2}$는 그래도 $\sqrt{2}=1.414213\cdots$처럼 어떤 값을 가지지만, $\sqrt{-1}$이나 $\sqrt{-2}$는 소수로 나타낼 수가 없는 것 같은데요."

소수로 나타낼 수 있는 그 수는 실수라고 하는데, 이런 의미에서 $\sqrt{-1}$은 실수가 아니죠. 이런 방법은 조금 억지일 수도 있어요. 하지만 $\sqrt{-1}$을 이용하면 제곱해서 -2, -3, -4가 되는 수들도 모두 $\sqrt{-2}$, $\sqrt{-3}$, $\sqrt{-4}$와 같이 나타낼 수 있고 이는 모두 $\sqrt{2} \times \sqrt{-1}$, $\sqrt{3} \times \sqrt{-1}$, $\sqrt{4} \times \sqrt{-1}$과 같이 $\sqrt{-1}$과 실수를 이용하여 바꾸어 쓸 수가 있답니다.

이처럼 $\sqrt{-1}$은 제곱하여 음수가 되는 수를 나타낼 때 기본적인 단위로 자주 쓰이기 때문에 저는 이것을 상상의 수imaginary number란 의미의 첫 글자를 따서 i라는 기호로 바꿔 사용하였습니다. i의 이름은 허수단위❶라고 하고 '아이'라고 읽으면 되요. 길이에도 '1m', 무게에도 '1g', 시간에도 '1시간' 이란 단위가 있듯이 허수에도 단위가 있는데 바로 i라고 쓰는 거죠.

꼭 기억해 두세요.

❶ 허수단위 제곱해서 -1이 되는 하나의 수. 즉, $i^2 = -1$, $\sqrt{-1} = i$

$$\sqrt{-1} = i, \ i \times i = -1$$

❷ 복소수 실수와 허수를 통틀어 일컫는 말. 즉, $a + bi_{a, b는 실수}$로 표현할 수 있는 수

그리고 두 실수 a, b에 대하여 $a + bi$꼴로 나타낸 수를 복소수❷라고 하는데, 말 그대로 복잡한

오일러가 들려주는 복소수 이야기

수라고 해서 붙여진 이름입니다. 좀 복잡해 보이죠? 여기서 $b=0$
이면 i가 사라지고 a만 남기 때문에 실수가 됩니다. 즉 복소수란
집합은 실수를 포함하는 더 큰 집합이 되는 것이죠.

아래와 같은 수는 모두 복소수랍니다. 여러분이 알고 있는 수
들과 i가 붙은 수들, 그리고 이들의 합으로 나타낸 수까지 모두
복소수라고 보면 되요.

$$0, \ \frac{1}{2}+i, \ 1+i, \ -2i, \ -\frac{2}{3}, \ \sqrt{2}-i, \ 3+4i$$

그중 $-\frac{2}{3}$ 처럼 i 가 안 붙은 건 실수, $1+i$ 나 $3i$ 처럼 i 가 하나라도 붙은 수는 허수라고 하고, $2i$ 처럼 실수에 i 만 붙인 수를 순허수라고 한답니다.

오일러가 들려주는 복소수 이야기

"그럼, $2i$같은 순허수도 i가 붙어 있으니 허수라고 할 수 있나요?"

똘똘이가 물었다.

맞아요. i가 수 안에 살아 있으니 허수랍니다. 즉 모든 순허수는 허수가 되는 것이지요. 실수와 허수를 통틀어 복소수라고 해요. 복소수의 세계에서 수의 포함관계를 그림으로 나타내면 아래와 같아요.

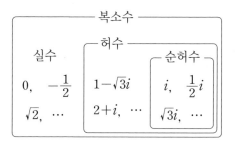

이렇게 해서 알게 된 복소수를 이용하면 다항 방정식에서 모든 해를 차수의 개수만큼 가진다는 것을 증명할 수 있어요. 이는 '수학의 왕'으로 불리는 가우스1777~1855가 증명을 했습니다. 가우스 덕에 제가 만든 i가 단순한 상상의 수가 아닌 수학이나 공학에서 반드시 필요한 존재가 되었지요.

복소수를 이용하면 복잡하거나 심지어 계산이 불가능한 것까지도 간단하게 계산할 수 있답니다. 나중에 배우겠지만 제가 만든 자연상수 $e = 2.71818\cdots$ e는 '자연상수'라고 불리며, 무리수라고 알려져 있습니다 와 허수 단위 i는 기가 막힌 커플이라 이 둘이 합쳐지면 어떤 복잡한 문제도 거뜬하게 해결되는 경우가 많지요. 여기에 원주율$\pi = 3.141592\cdots$의 도움을 많이 얻기도 합니다.

소라 껍데기의 나선 모양은 복소수의 간단한 성질로부터 만들어지고, 고사리의 잎 하나하나는 다시 전체와 닮은 모양을 하고 있습니다. 이러한 모양도 복소수를 활용하면 컴퓨터에서 간단하게 그릴 수 있답니다.

지금까지 허수와 복소수가 무엇인지 알아보았습니다. 허수나

오일러가 들려주는 복소수 이야기

복소수에 대해서 아직은 이해가 어렴풋이 되겠지만, 그건 어려워서라기보다 익숙하지 않아서라고 생각하면 돼요. 자주 보면 익숙해지고, 또 익숙해지면 어렵게만 보이던 복소수가 친근하게 다가올 거예요.

다음 시간에는 복소수에 좀 더 익숙해지기 위해 복소수를 가지고 덧셈, 뺄셈, 곱셈, 나눗셈을 어떻게 하는지 알아보기로 합시다.

❶ 수에는 자연수, 정수, 유리수, 실수, 복소수가 있으며 이 중 복소수는 다른 모든 수들을 포함하는 개념입니다.

❷ 허수 단위 i는 제곱해서 -1이 되는 수를 말합니다.
즉, $i^2=-1$, $\sqrt{-1}=i$입니다.

❸ $a+bi(a, b$는 실수)와 같이 표현된 수를 복소수라고 합니다.

복소수의
사칙연산

복소수에도 '한 켤레'인 켤레 복소수가 있습니다.

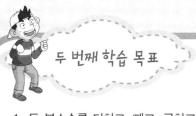

두 번째 학습 목표

1. 두 복소수를 더하고, 빼고, 곱하고, 나누기를 할 수 있습니다.

2. 켤레복소수가 무엇인지 알 수 있습니다.

3. 허수는 왜 크기를 비교할 수 없는지 알 수 있습니다.

오일러의
두 번째 수업

　이번 시간에는 복소수들을 가지고 덧셈, 뺄셈, 곱셈, 나눗셈을
어떻게 하는지 알아보도록 합시다. 자주 쓰는 4가지 계산 ＋, －,
×, ÷을 '사칙연산'이라 하고, 간단히 '연산'이라고 하겠습니
다. 여러분들이 초등학교에 처음 입학하면 먼저 1부터 차례대로
자연수를 세는 법을 배운 다음, 덧셈과 뺄셈, 곱셈과 나눗셈을 차
례대로 배웠을 거예요. 그러고 나면 처음에는 익숙하지 않던 자
연수가 점점 친근해지듯이 복소수들을 서로 더하고 빼 보면서 계

산을 하다 보면 처음에는 어려웠던 복소수도 친근하게 다가오게 된답니다.

복소수와 매우 친해지면 복소수의 그 막강한 활용에 놀라서 뒤로 넘어질 수도 있으니 뒤에 담요를 준비해 두시는 것이 좋을 거예요. 하하~

"헐~"

아이들은 오일러 선생님의 썰렁한 농담에 웃어야 할지 말아야 할지 망설였지만, 선생님이 그렇게 힘주어 말씀하시는 것을 보면 다른 수들과는 다른 뭔가 특별한 의미가 있음을 어렴풋이 짐작할 수 있었다.

오일러가 칠판에 복소수에 대해서 아이들에게 다시 한 번 기억시키기 위해 칠판에 크게 적었다.

복소수 : 실수 a, b에 대하여 $a+bi$ 꼴로 표현 가능한 수

허수단위 i : 제곱해서 -1이 되는 수. 즉, $i^2 = -1$

여러분, 수학에서 '정의' 란 말을 많이 쓰는데, 이것은 '악을 물

리치고 정의를 지킨다'고 할 때의 정의와는 달리 '사전에 나와 있는 뜻'으로 이해를 하면 됩니다. 수학자들이 새로운 용어를 만들 때에는 반드시 먼저 정의를 내립니다. 다시 말하면 뜻을 정확하게 밝힌 다음 그 용어를 사용합니다. 여기서 새로 만들어진 '복소수', '허수단위'란 말의 정의를 여러분이 정확히 이해해야 앞으로 이 수들을 다룰 때 헷갈리거나 혼란스러운 일이 없을 거예요. 쉽게 말하면 '수학에서 사용되는 정의는 수학자들끼리 정한 약속이기 때문에 외워라'라는 말이 여러분에게 쉽게 와 닿을지도 모르겠군요.

혹시 아직 위에서 사용한 '실수'에 대해 잘 이해가 안 된다면 여러분이 알고 있는 '자연수', '분수', '소수' 등을 생각하면 됩니다. 이런 것들 모두가 실수이니까요.

연산을 하기 이전에 먼저 복소수를 잘 살펴보도록 합시다.

$$a+bi$$

여기서 a, b는 실수라고 이미 약속되어 있고, $bi = b \times i$를 의미합니다. 문자들끼리 곱할 때에는 보통 곱셈 기호인 '×'기호를 많이 생략하거든요. 곱셈 기호를 일일이 쓰는 것은 시간도 많이 걸리고, 번거로울 뿐만 아니라 식이 길어지면 보기에도 불편하지요. 그래서 곱셈 기호를 생략해도 수학자들은 모두

"'×' 기호를 일부러 안 썼구나."

라고 생각하고 있답니다. 지금부터 i 앞에 바로 숫자나 문자가 있다면 그 사이에 곱하기 기호가 생략되어 있다는 것을 기억하기 바랍니다.

예를 들면, $b \times i$, $b \times d \times i$, $-2 \times i$, $\sqrt{3} \times i$, $1 + 2 \times i$는 모두 bi, bdi, $-2i$, $\sqrt{3}i$, $1 + 2i$로 간단하게 쓴다는 말이죠.

이제 다시 한 번 복소수를 살펴보면 크게 두 부분으로 되어 있다는 것을 알 수 있습니다. 하나는 a 또 하나는 bi인데, 이 중 a

❸ 를 실수부분❸, b를 허수부분❸이라 합니다. 실수부분이나 허수부분 모두 실수라는 것에 주의하세요.

실수부분 복소수에서 실수로 되어 있는 부분. 즉 복소수 $a + bi$에서 a

허수부분 복소수에서 허수로 되어 있는 부분. 즉 복소수 $a + bi$에서 b

$$a + bi$$
실수부분 허수부분

오일러가 들려주는 복소수 이야기

예를 들어, $3+4i$의 경우 실수부분은 3, 허수부분은 4입니다.

다음 수를 보고 실수부분과 허수부분을 말해 보세요.

문제1

$$1+3i, \quad -2+3i, \quad 2i-3, \quad \sqrt{3}i, \quad p+qi,$$
$$0, \quad\quad 3, \quad\quad \frac{1}{2}i, \quad\quad -\frac{3}{2}i$$

정답은 이 강의의 끝에 있음

문제가 어렵거나 이해가 잘 되지 않으면 여기서는 일단 그냥 넘어가도 괜찮습니다. 다음 강의에서도 간단한 수를 다룰 것이기 때문에 굳이 어려운 문제까지 풀어 볼 필요는 없으니까요.

앞으로 실수부분과 허수부분이란 말을 자주 사용하게 될 것이니 이 용어의 의미는 잘 기억해 두기 바랍니다.

▨ 두 복소수가 같다

두 복소수 '$a+bi$와 $c+di$가 같다' 는 것은 다음과 같이 약속합니다.

$$a+bi=c+di \iff a=c \text{이고}, b=d$$

즉 실수부분끼리 서로 같고, 허수부분끼리 서로 같을 때, 두 복소수는 서로 같다고 합니다.

같은 방법으로 $a+bi=0$은 다음과 같이 약속할 수 있습니다.

$a+bi=0 \Leftrightarrow a=0$이고, $b=0$

그럼, $1+2i$와 $2i+1$은 서로 같은 수일까요? 다른 수일까요?

오일러가 들려주는 복소수 이야기

"$2i+1=1+2i$와 같이 덧셈에서는 1과 $2i$의 자리를 바꿔 쓸 수 있기 때문에, 실수부분이 1, 허수부분이 2로 두 수는 같은 수가 됩니다."

똘똘이가 대답했다.

네, 맞아요. 그럼 $1+2i$와 $1-2i$는 서로 같은 수일까요? 다른 수일까요?

"$1+2i$와 $1-2i$는 실수부분은 1로 서로 같지만, 허수부분이 각각 2, -2로 다릅니다. 따라서 실수부분과 허수부분 둘 중 하나라도 다르니 두 수는 다른 수입니다."

이번에는 유별이가 대답했다.

유별이도 잘 대답했어요. 두 수가 서로 같은지 다른지는 실수부분과 허수부분을 비교해 보면 알 수가 있답니다.

▨ 복소수의 덧셈과 뺄셈

중학교 1학년이 되면 문자를 이용하여 계산하는 방법을 배웁니다. 사실 문자를 잘 다룰 줄 알면 복소수를 다루기도 매우 편리해요. 왜냐하면 문자를 이용한 식은 모두 숫자로 바꾸어서 사용할 수 있고, 복소수에서 사용되는 허수단위 i란 것도 하나의 수이면서 동시에 문자로 볼 수도 있기 때문이죠.

두 복소수 $a+bi$와 $c+di$의 덧셈과 뺄셈은 다음과 같이 약속합니다.

$$(a+bi)+(c+di)=(a+c)+(b+d)i$$
$$(a+bi)-(c+di)=(a-c)+(b-d)i$$

두 복소수의 실수부분끼리 덧셈과 뺄셈을 하고, 허수부분끼리 덧셈과 뺄셈을 해야 합니다.

$$(a+bi)+(c+di)=(a+c)+(b+d)i$$
$$(a+bi)-(c+di)=(a-c)+(b-d)i$$

오일러가 들려주는 복소수 이야기

즉 두 복소수의 실수부분끼리 덧셈과 뺄셈을 하고, 허수부분끼리 덧셈과 뺄셈을 하면 됩니다.

예를 들어 볼까요?

(1) $(2+3i)+(1+2i)=(2+1)+(3+2)i=3+5i$

(2) $(2+3i)-(1+2i)=(2-1)+(3-2)i=1+i$

여기서 $1 \times i = 1i$라고 쓰는 것이 번거롭기 때문에 보통 i 앞의 1을 생략하여 $1 \times i = i$와 같이 씁니다. $1 \times x = x$와 같은 원리이지요.

같은 방법으로 몇 가지 문제를 더 풀어 보도록 할까요?

문제2

(1) $(2+3i)+(5-i)$

(2) $(-2+3i)-(3-2i)$

(3) $3i+(3-i)$

(4) $(-2-i)+4$

▨복소수의 곱셈

이제 여러분은 복소수의 덧셈과 뺄셈에 어느 정도 익숙해 졌으리라 생각됩니다. 이제 곱셈을 배워 보도록 하죠. 복소수의 곱셈은 덧셈과 뺄셈보다 조금 복잡한 편이지만, 덧셈과 뺄셈을 제대로 익혔다면 곱셈도 쉽게 할 수 있을 것입니다.

먼저 두 복소수 $a+bi$와 $c+di$의 곱셈은 다음과 같이 약속합니다.

$$(a+bi)(c+di)=ac+adi+bci+bdi^2$$
$$=ac+adi+bci+bd\times(-1)$$
$$=(ac-bd)+(ad+bc)i$$

조금 복잡하죠?

먼저 항이 여러 개가 있을 때 곱셈은 다음과 같은 법칙으로 계산을 합니다.

$$a\times(b+c)=a\times b+a\times c$$
$$(a+b)\times(c+d)=(a+b)\times c+(a+b)\times d$$
$$=a\times c+b\times c+a\times d+b\times d$$

오일러가 들려주는 복소수 이야기

위의 식을 숫자로 바꾼 예를 들어서 하나하나 따져 보도록 하죠.

$$(1+2i)(2+3i)=1\times2+1\times3i+2i\times2+2i\times3i$$
$$=2+3i+4i+6i^2$$
$$=2+3i+4i+6\times(-1)$$
$$=2+3i+4i-6$$
$$=2-6+3i+4i$$
$$=-4+7i$$

마찬가지로 식과 식 사이의 곱셈도 '×' 기호를 생략해서 쓰지요.

그리고 위의 계산에서 $i^2=-1$이기 때문에, $6i^2$이 -6으로 바뀐 것을 알 수 있습니다.

나눗셈은 조금 더 복잡한 과정을 거치는데, 나눗셈을 하기 전에 '켤레복소수'와 '분모의 실수화'에 대해 알아보도록 합시다.

▨켤 레 복 소 수

우리 속담에 '짚신도 짝이 있다'는 말이 있듯이 '복소수도 짝이 있다'라고 말할 수 있어요. 신발 한 짝을 '켤레'라고 부르듯이

복소수도 한 짝을 '켤레' 라고 부르는데, 복소수 한 켤레는 다음
과 같이 생겼답니다.

$1+2i$와 $1-2i$는 서로 한 켤레

$-1-i$와 $-1+i$는 서로 한 켤레

$3i$와 $-3i$는 서로 한 켤레

오일러가 들려주는 복소수 이야기

5와 5는 서로 한 켤레

위의 예를 보고 복소수에서 말하는 '켤레'가 무엇인지 알겠나요? 복소수 한 켤레를 보면 실수부분은 서로 같지만 허수부분의 부호가 다른 것을 알 수 있습니다. 이처럼 실수부분의 부호는 바꾸지 않고 허수부분의 부호만 바꾼 복소수를 처음 복소수의 켤레복소수[4]라고 합니다. 예를 들면, $1-2i$는 $1+2i$ ❹의 켤레복소수인 것이죠.

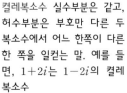

❹ 켤레복소수 실수부분은 같고, 허수부분은 부호만 다른 두 복소수에서 어느 한쪽이 다른 한 쪽을 일컫는 말. 예를 들면, $1+2i$는 $1-2i$의 켤레복소수

켤레복소수의 아주 좋은 성질이 하나 있는데, 켤레복소수끼리 더하거나 곱하면 반드시 실수가 된다는 것입니다.

다음의 예를 보세요.

$$(1-2i)+(1+2i)=2,$$
$$(1-2i)(1+2i)=1+4=5$$

어때요? 켤레복소수끼리 더하거나 곱하면 i가 없어지고, 실수만 남게 되지요? 아래 몇 가지 예를 더 볼까요?

$$3i+(-3i)=0 \qquad (-1+i)+(-1-i)=-2$$
$$3i \times (-3i)=9 \qquad (-1+i) \times (-1-i)=2$$

이 성질을 이용하여 복소수로 된 분수식에서 분모를 실수로 만들어 줄 수도 있고, 두 복소수의 나눗셈도 할 수 있답니다.

▨ 분 모 의 실 수 화

$\dfrac{1}{i}$, $\dfrac{2}{1-i}$ 와 같이 분모가 허수일 때 분모를 실수로 만들어 주는 방법이 있습니다. 이것을 분모의 실수화라고 합니다. 분모를 실수로 만들어 주는 방법은 아주 간단합니다. 분모와 분자에 각각 분모의 켤레복소수를 똑같이 곱해 주면 된답니다.

$\dfrac{1}{i} = \dfrac{1 \times (-i)}{i \times (-i)} = \dfrac{-i}{1} = -i$와 같이 분모($i$)와 분자($1$)에 분

모(i)의 켤레복소수($-i$)를 곱하여 분모를 실수(1)로 만들 수

있다는 것이죠.

$\dfrac{2}{1-i}$ 도 아래와 같이 분모를 실수로 만들어 간단히 나타낼 수

가 있습니다.

$$\dfrac{2}{1-i} = \dfrac{2 \times (1+i)}{(1-i) \times (1+i)} = \dfrac{2+2i}{1-i^2} = \dfrac{2+2i}{2}$$
$$= \dfrac{2}{2} + \dfrac{2i}{2} = 1+i$$

다음 분수의 분모를 실수로 만들어 보세요.

문제3

$\dfrac{1}{2i}$ $\qquad$ $\dfrac{1}{3-i}$ $\qquad$ $\dfrac{2}{2+i}$ $\qquad$ $\dfrac{17}{4+i}$

▨복소수의 나눗셈

이제 앞에서 배운 내용들을 가지고 두 복소수 $(a+bi) \div (c+di)$의 나눗셈을 해 보도록 합시다.

$$(a+bi) \div (c+di) = \frac{a+bi}{c+di} = \frac{(a+bi)(c-di)}{(c+di)(c-di)}$$

$$= \frac{(ac+bd)+(bc-ad)i}{c^2+d^2} = \frac{ac+bd}{c^2+d^2} + \frac{bc-ad}{c^2+d^2}i$$

두 복소수의 나눗셈을 할 때 핵심은 분모의 켤레복소수를 분모와 분자에 곱하여 분모를 유리화시키는 것이랍니다. 여기서 나눗셈의 결과로 생기는 $\frac{ac+bd}{c^2+d^2}$와 $\frac{bc-ad}{c^2+d^2}$는 모두 실수이기 때문에 복소수끼리 나누어도 복소수가 된다는 것을 알 수 있지요.

나눗셈의 실제 예를 들어 보겠습니다.

$$(11+2i) \div (3-4i) = \frac{11+2i}{3-4i}$$

$$= \frac{(11+2i)(3+4i)}{(3-4i)(3+4i)}$$

$$= \frac{33+44i+6i-8}{9+16}$$

$$= \frac{25+50i}{25}$$

$$= \frac{25}{25} + \frac{50}{25}i = 1+2i$$

조금 복잡하긴 하지만, 이미 '켤레복소수', '분모의 실수화'에 익숙하다면 그리 어렵진 않을 거예요.

다음의 나눗셈을 해 보세요.

문제14

$$5 \div (1-2i) \qquad (3+6i) \div 3$$

▨허수의 크기를 비교할 수 있을까?

복소수에는 자연수, 유리수, 무리수, 실수와 같이 아주 다양한 수들이 모두 포함되어 있습니다. 그런데 자연수, 유리수, 무리수, 실수에는 있지만, 복소수 중 허수에는 없는 성질이 있습니다. 먼저, 다음 질문에 답을 해 보세요.

(1) 2와 3 중 어느 수가 더 큰 수일까요?

(2) −2와 −3 중 어느 수가 더 큰 수일까요?

(3) i와 0 중 어느 수가 더 큰 수일까요?

(4) $2i$와 $3i$ 중 어느 수가 더 큰 수일까요?

(5) $1+i$와 $2i$ 중 어느 수가 더 큰 수일까요?

"(1)번은 당연히 3이 2보다 크고, (2)번에서 수직선을 그려 보면

－2가 －3보다 오른쪽에 있으니까 －2가 더 큰 수이죠.

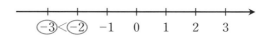

그런데 (3)번부터는 i를 수직선에 나타낼 수도 없고, 좀 아리송한데요?"

희진이가 고민하는 표정으로 대답했다.

"아무래도 $2i$보다는 $3i$가 더 크지 않나요? 앞에 있는 숫자 3이 크니까요."

복만이도 의심스러워 하면서 자신의 생각을 이야기했다.

자, 누구의 말이 옳을까요? (1)번과 (2)번은 희진이가 잘 대답해 주었는데, (3)번에서 사실 i와 0의 크기를 비교할 수 없답니다. 만일 비교할 수 있다고 한다면 어떤 문제가 생기는지 살펴볼까요?

첫째, $i > 0$라고 합시다. 즉 i가 양수이므로 이 식의 양변에 i를 곱하면 $i^2 > i \times 0$과 같이 부등호의 방향은 바뀌지 않습니다. 그런데

$$i^2 = -1 > i \times 0 = 0 \quad 즉, \ -1 > 0$$

이 되는데, 이 말은 -1이 양수란 말이 되어 잘못된 결과가 나옵니다.

둘째, $i = 0$이라고 합시다. 마찬가지로 양변에 i를 곱하면

$$i^2 = -1 = i \times 0 = 0 \quad 즉, \ -1 = 0$$

이 되는데 −1과 0이 같을 수는 없으니 이것도 논리적으로 설명이 되지 않습니다.

마지막으로 $i < 0$이라고 합시다. 즉 i가 음수이므로 이 식의 양변에 i를 곱하면 $i^2 > i \times 0$과 같이 부등호의 방향이 바뀌었습니다. 그런데

$$i^2 = -1 > i \times 0 = 0 \qquad 즉, -1 > 0$$

와 같이 또 설명이 불가능한 식이 나옵니다.

결국 i와 0 중 어느 하나가 크거나 같다고 가정하면 틀린 결론에 이르게 되어 기존에 우리가 알고 있는 수학의 세계에 혼란을 주게 됩니다. 따라서 'i와 0은 크기를 비교할 수 없다', 즉 '둘 중 어느 수가 크다고 말할 수 없다' 라는 결론이 나오지요.

그래서 i가 포함되어 있는 (3), (4), (5)번 모두 '어느 수가 더 큰지 비교할 수 없다' 란 표현이 맞습니다. 결론은 i의 크기를 비교할 수 없기 때문에 i를 포함하는 수도 비교할 수 없다는 말이 됩니다.

복소수도 실수가 가지고 있는 여러 가지 성질을 가지고 있지만, 그중 복소수에서는 크기의 비교가 불가능하다는 것이 가장 큰 차이점이라고 할 수 있습니다.

오일러가 들려주는 복소수 이야기

자연수를 배우고 덧셈, 뺄셈, 곱셈, 나눗셈을 배우듯이 복소수와 친해지기 위한 방법으로 복소수의 사칙연산에 대하여 공부를 해 보았습니다. 복소수는 고등학교 1학년이 되면 배우는 내용이라 초등학생이나 중학생들은 이해하기가 조금 어려울 수도 있을 거예요. 무엇보다도 개념을 확실하게 이해한 후 많은 예제들을 통해 익숙해지는 것이 복소수와 가까워지기 위한 방법입니다.

다음 시간에는 복소수를 좌표평면에 나타내고, 좌표평면 위의 도형이 복소수로 어떻게 표현되는지에 대해 알아보도록 합시다.

정답

문제1

$1+3i$: 실수부분 1, 허수부분 3

$-2+3i$: 실수부분 -2, 허수부분 3

$2i-3$: 실수부분 -3, 허수부분 2

$\sqrt{3}i$: 실수부분 0, 허수부분 $\sqrt{3}$

$p+qi$: 실수부분 p, 허수부분 q

0 : 실수부분 0, 허수부분 0

3 : 실수부분 3, 허수부분 0

$\dfrac{1}{2}i$: 실수부분 0, 허수부분 $\dfrac{1}{2}$

$-\dfrac{3i}{2}$: 실수부분 0, 허수부분 $-\dfrac{3}{2}$

문제2

(1) $(2+3i)+(5-i)=(2+5)+(3-1)i=7+2i$

(2) $(-2+3i)-(3-2i)=(-2-3)+(3-(-2))i$
$$=-5+5i$$

(3) $3i+(3-i)=(0+3)+(3-1)i=3+2i$

(4) $(-2-i)+4=(-2+4)+(-1+0)i=2-i$

문제3

$$\dfrac{1}{2i}=\dfrac{1\times(-2i)}{2i\times(-2i)}=\dfrac{-2i}{-4i^2}=\dfrac{-2i}{4}=-\dfrac{i}{2}$$

$$\dfrac{1}{3-i}=\dfrac{1\times(3+i)}{(3-i)\times(3+i)}=\dfrac{3+i}{3^2-i^2}=\dfrac{3+i}{9+1}=\dfrac{3+i}{10}$$

$$\dfrac{2}{2+i}=\dfrac{2\times(2-i)}{(2+i)\times(2-i)}=\dfrac{4-2i}{2^2-i^2}=\dfrac{4-2i}{4+1}=\dfrac{4-2i}{5}$$

$$\dfrac{17}{4+i}=\dfrac{17\times(4-i)}{(4+i)\times(4-i)}=\dfrac{68-17i}{4^2-i^2}=\dfrac{68-17i}{16+1}$$
$$=\dfrac{68-17i}{17}=\dfrac{68}{17}-\dfrac{17i}{17}=4-i$$

오일러가 들려주는 복소수 이야기

문제4

$$5 \div (1-2i) = \frac{5}{1-2i} = \frac{5 \times (1+2i)}{(1-2i) \times (1+2i)} = \frac{5+10i}{1-4i^2}$$

$$= \frac{5+10i}{1+4} = \frac{5+10i}{5} = 1+2i$$

$$(3+6i) \div 3 = \frac{3+6i}{3} = \frac{3}{3} + \frac{6i}{3} = 1+2i$$

두번째
수업 정리

❶ 두 개의 복소수를 더할 때에는 실수부분은 실수부분끼리, 허수부분은 허수부분끼리 더합니다. 두 개의 복소수를 뺄 때에도 실수부분은 실수부분끼리 허수부분은 허수부분끼리 뺍니다.

❷ 두 개의 복소수 $a+bi$, $c+di$의 곱셈은 아래와 같이 계산합니다.

$$(a+bi)(c+di)=(ac-bd)+(ad+bc)i$$

❸ 두 개의 복소수 $a+bi$, $c+di$의 나눗셈은 아래와 같이 계산합니다.

$$(a+bi)\div(c+di)=\frac{ac+bd}{c^2+d^2}+\frac{bc-ad}{c^2+d^2}i$$

❹ 서로 다른 두 실수는 크기를 비교할 수 있는 것과 달리 허수에서는 크기를 비교할 수 없습니다. 복소수에는 실수와 허수가 있기 때문에 크기를 비교할 수 있는 것도 있고, 없는 것도 있다고 할 수 있습니다.

복소수와 복소평면

복소수 $z = a + bi$ 의 절댓값은
복소평면의 원점에서 z까지의 거리를 의미합니다.

세 번째 학습 목표

1. 복소수를 복소평면에 나타낼 수 있습니다.

2. 복소평면에 나타낸 복소수의 절댓값과 편각의 의미를 알 수 있습니다.

3. 복소수를 절댓값과 편각을 이용한 식으로 고쳐 표현할 수 있습니다.

오일러의
세 번째 수업

지난 시간에는 복소수의 덧셈, 뺄셈, 곱셈, 나눗셈에 대하여 알아보았습니다. 복소수 중 허수는 다른 자연수나 실수와 달리 서로 크기를 비교할 수 없다는 것도 알아보았지요. 이번 시간에는 복소수를 좌표에 어떻게 나타내고, 좌표를 나타내는 방법에는 어떠한 것들이 있는지 알아보도록 합시다.

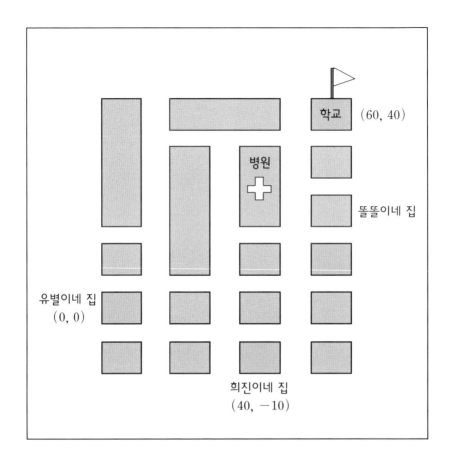

유별이네 집에서 학교의 위치는 동으로 60m, 북으로 40m 떨어진 지점에 있습니다. 유별이의 집을 기준으로 하여 좌표를 (0, 0)으로 나타내면, 학교의 위치는 (60m, 40m)으로 쓸 수 있습니다. 희진이네 집은 유별이의 집에서 동으로 40m, 남으로 10m

떨어진 지점에 있습니다. 그렇다면, 좌표로 어떻게 나타내면 좋을까요?

"동쪽과 북쪽을 양의 방향이라 하면, 남쪽은 북쪽과 반대 방향이니까 음의 방향이 되어 (40m, −10m)라고 쓰면 되겠네요."

맞아요. 이처럼 좌표를 이용하면 원하는 위치를 정확히 표시할 수 있을 뿐만 아니라 정확한 지도를 그릴 때에도 매우 편리합니다. 그리고 같은 지도가 있을 때 서로 좌표로 불러 주면 긴 설명이 필요 없이 전화나 대화만으로도 서로의 위치를 파악할 수 있는 장점이 있습니다.

그럼 유별이네 집에서 학교까지의 직선거리는 어떻게 될까요? 즉 건물이 없다고 생각하고 유별이의 집에 바로 간다면 거리가 어느 정도일까요? 이 질문에 대한 내용은 잠시 후 복소수의 '절댓값'을 배운 후에 알아보기로 합시다.

먼저 우리가 배울 복소수가 좌표와 어떤 관계가 있는지 살펴보도록 할까요?

지난 시간에 언급했듯이 실수는 수직선 위에 모두 나타낼 수 있다고 배웠습니다. 다음 수들을 수직선 위에 점으로 찍어서 나타내어 보세요.

$$0 \qquad 1 \qquad -1.5 \qquad \frac{2}{3} \qquad 0.33$$

그렇다면 다음과 같은 수들은 수직선에 표현할 수 있을까요?

$$i \qquad 1-i \qquad 2+3i \qquad \frac{1}{2}i$$

이미 수직선에는 실수가 모두 채워져 있기 때문에 허수까지 들어갈 만한 자리가 없습니다. 그래서 위의 허수들은 수직선에 나타낼 수가 없습니다. 그렇다면 허수를 그림으로 나타내는 방법이 없을까요? 노르웨이 출신의 베셀Casper Wessel, 1745~1818은 복소수를 좌표평면에 나타내어 여러 가지 계산을 하였습니다. 베셀이 복소수를 좌표로 나타내려고 기존에 있던 수직선에 또 하나의 수직선을 추가하여 직교좌표를 만들었는데, 그것이 바로 곧 이어

오일러가 들려주는 복소수 이야기

나올 복소평면[5]이랍니다.

❺
복소평면 복소수를 좌표평면
에 나타낼 때 x축은 실수부
분, y축은 허수부분에 대응시
킨 평면

복소수의 뜻을 다시 살펴보도록 합시다.

$$a+bi(a, b는 실수)$$

라는 복소수에서 보듯이 복소수가 만들어지려면 실수부분과 허

수부분의 두 개의 실수가 필요하다는 것을 알 수 있습니다. 실수

가 하나의 수직선에 대응된다면 복소수는 두 개의 수직선에 대응
된다는 말입니다. 복소수의 실수부분을 가로축으로, 허수부분을
세로축으로 하여 두 수직선이 수직이 되도록 하면 하나의 평면을
만들 수 있는데, 그 평면을 '복소평면' 이라고 합니다.

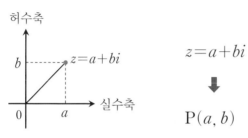

복소수 $a+bi$를 점 $\mathrm{P}(a, b)$에 대응시킴

그럼, 위와 같은 방법으로 다음 몇 가지 복소수를 복소평면 위
에 나타내 보도록 할까요?

ㄱ. 0 ㄴ. i ㄷ. $1-i$
ㄹ. $2+3i$ ㅁ. $-1+2i$ ㅂ. $-2-3i$

오일러가 들려주는 복소수 이야기

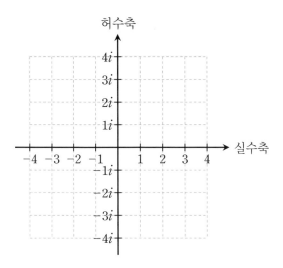

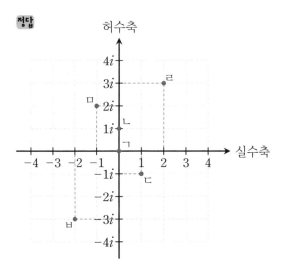

같은 방법으로 복소평면 위의 좌표를 보고, 복소수로 나타낼

수도 있을 거예요. 아래 복소평면 위의 좌표를 보고, 복소수로 나

타내어 봅시다.

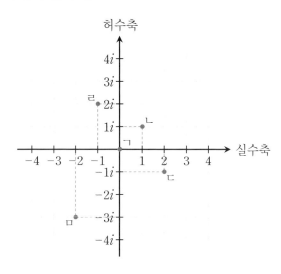

정답

ㄱ. 0 　　　　ㄴ. $1+i$ 　　　　ㄷ. $2-i$

ㄹ. $-1+2i$ 　　　　ㅁ. $-2-3i$

어때요? 평면 위의 좌표를 복소수로 나타내면 일반적으로 꼴로
나타내는 것보다 좀 더 간단해 보이지 않나요?

▨ 절댓값

각자 『절대』란 말을 넣어서 문장을 하나씩 만들어 볼까요?

"나는 절대 그런 것은 만들지 않을 거예요."

"맹구야, 넌 지저분해서 절대 우리 집에 오면 안돼!"

"우리 반에서 오목게임은 내가 절대 강자야."

"우리학교에서는 수학성적을 절대평가로 해요."

각자 절대란 말을 넣어서 문장을 잘 만들었어요. 여기서 앞의
두 개가 서로 비슷한 의미이고, 뒤의 두 개가 서로 비슷한 의미로
쓰였어요. '절대'란 말은 크게 두 가지 의미가 있습니다. 하나는
'아무런 조건이나 제약을 붙이지 않고'란 뜻인데 앞의 두 개가
이 뜻에 해당하고, 또 하나는 '비교하거나 상대되어 맞설만한 것
이 없는'이란 뜻으로 뒤의 두 문장이 여기에 해당합니다. 이러한
의미로 수학에서도 '절댓값❻'이라는 말이 있습
니다.

실수에서 말하는 절댓값은 수직선 위의 원점에
서 그 수까지의 거리를 의미합니다. 예를 들어,
−3의 절댓값은 원점 0으로부터 3만큼 떨어져
있으므로 3이 됩니다. 즉 −3과 같은 음수의 경
우 앞에 붙은 − 부호를 떼기만 하면 되니까 어떤 조건이 붙지 않

❻
절댓값 실수의 절댓값은 수직
선의 원점에서 그 수까지의
거리를 나타낸 값이고, 복소수
의 절댓값은 복소평면의 원점
에서 그 수까지의 거리를 나
타낸 값이다. 복소수 z의 절댓
값은 $|z|$로 나타낸다. 예를
들어, $|-2i| = 2$이다.

앞으론 절대 지각을 하지 않겠습니다.

저는 앞으로 수학의 절대 강자가 되겠어요.

수학에도 '절댓값'이라는 말이 있습니다.

실수에서 말하는 절댓값이란 수직선 위의 원점에서 그 수까지의 거리를 의미하죠.

예를 들어, −3의 절댓값은 원점 0으로부터 3만큼 떨어져 있으므로 3이 됩니다. 이런 절댓값은 복소수에도 그대로 적용된답니다.

앗다는 의미로 해석할 수도 있고, 음수는 절댓값을 하면 모두 양수가 되기 때문에 비교할 만한 음수가 없어서 절대란 의미로 해석할 수도 있겠군요. 절댓값은 거리이기 때문에 항상 양수가 된다는 것을 알 수 있지요.

오일러가 들려주는 복소수 이야기

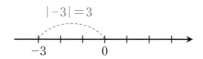

$$|-3| = 3$$

절댓값이란 개념이 실수뿐만 아니라 복소수에도 그대로 적용될 수 있습니다.

복소수 z의 절댓값은 복소평면 위의 원점에서 복소수 z까지의 거리이고, 기호로는 막대기 두 개 $| \, |$를 사용해서 $|z|$와 같이 나타냅니다.

예를 들어, $|5| = 5$, $|-3| = 3$, $|2i| = 2$, $|-i| = 1$과 같이 나타낼 수 있습니다.

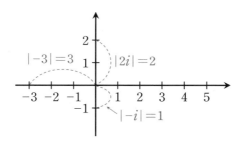

그렇다면 $|4+3i|$와 같은 절댓값은 어떻게 구할 수 있을까요?

피타고라스의 정리에 따르면, 직각삼각형에서 빗변 길이의 제곱은 다른 두 변의 길이의 제곱의 합과 같다고 합니다. 피타고라스의 정리는 다른 수학자 시리즈에서 공부할 수 있는데, 여러분들이 자로 직접 재어 확인해 보면 아래의 길이와 피타고라스의 정리 식이 신기하게 딱 맞아 떨어지는 것을 알 수 있을 겁니다.

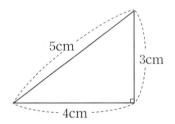

따라서 복소평면에서 한 점과 원점과의 거리는 직각삼각형에서 빗변의 길이로 생각할 수 있는 것이죠.

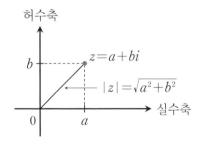

오일러가 들려주는 복소수 이야기

먼저 복소평면 위의 한 점 $z=a+bi$가 주어졌을 때, 원점에서 그 점 z까지의 거리를 기호로 $|z|=\sqrt{a^2+b^2}$으로 정의합니다. 피타고라스의 정리에 따라 $|z|^2=a^2+b^2$으로 쓸 수 있기 때문이죠. 여기서 $\sqrt{}$ 란 기호는 제곱근을 의미하는데, $\sqrt{4}=2$, $\sqrt{9}=3$과 같이 제곱해서 4가 되는 수를 $\sqrt{4}$, 제곱해서 9가 되는 수를 $\sqrt{9}$라고 한다는 것을 이미 첫 번째 시간에 배웠습니다. 즉 2를 제곱하면 4이므로 $\sqrt{4}=2$, 3을 제곱하면 9가 되니까 $\sqrt{9}=3$이 됩니다. 제곱해서 2가 되는 $\sqrt{2}$와 같은 수는 바로 계산할 수는 없고, 계산기를 이용해서 구해야 합니다. 루트 2를 구해 보면 $\sqrt{2}=1.41421356237309504880168887242097\cdots$와 같이 순환 없이 계속되는 수가 됩니다. 이런 수를 무리수라고 했지요?

다음으로 복소수의 절댓값을 구해 볼까요?

$$-6,\ 2,\ 0,\ -1+i,\ 3-4i,\ -5-12i$$

정답 $|-6|=6$, $|2|=2$, $|0|=0$,

$|-1+i|=\sqrt{(-1)^2+1^2}=\sqrt{2}$,

$$|3-4i|=\sqrt{3^2+(-4)^2}=\sqrt{25}=5,$$
$$|-5-12i|=\sqrt{(-5)^2+(-12)^2}=\sqrt{169}=13$$

▨편 각

복소평면 위의 한 점과 원점을 이은 선분은 실수부분 축의 양

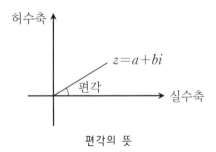

⑦ 의 방향과 일정한 각을 유지하고 있습니다. 이 각

편각 복소평면에서 복소수를 나타내는 점과 원점을 연결한 선분이 실수축의 양의 방향과 이루는 각. 예를 들어, i의 편각은 $90°$

을 우리는 편각⑦偏角이라고 부릅니다. 즉 각이 기

울어진 정도를 말하는 것이죠.

편각의 뜻

이 중 시계바늘이 도는 반대방향을 양의 각이라 하고, 시계바

늘이 도는 방향을 음의 각이라고 합니다. 따라서 편각은 음수가

될 수도 있고, 양수가 될 수도 있습니다. 또, 한 바퀴 돌 수도 있

고 두 바퀴 돌 수도 있기 때문에 $360°$보다 큰 각이 될 수도 있습

오일러가 들려주는 복소수 이야기

니다.

예를 들어, i의 편각은 90°가 될 수도 있고, 450°가 될 수도 있지만 보통은 90°를 많이 씁니다. $-i$의 편각은 270°가 되겠죠. 3의 편각은 0°입니다.

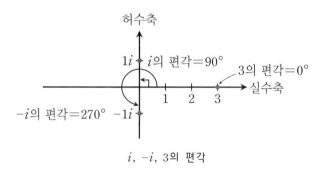

i, $-i$, 3의 편각

다음으로 복소수의 편각을 알아볼까요?

ㄱ. -1	ㄴ. $1+i$	ㄷ. $-2+2i$
ㄹ. $-2i$	ㅁ. 4	ㅂ. $3i$

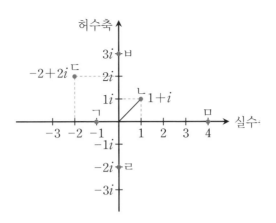

ㄱ. 180°	ㄴ. 45°	ㄷ. 135°
ㄹ. 270°	ㅁ. 0°	ㅂ. 90°

▨ 복 소 수 를 여 러 종 류 의 좌 표 로 나 타 내 기

복소평면에서 복소수는 좌표로 나타낼 때 순서쌍으로 표시할 수도 있지만, 원점으로부터 거리와 각도를 이용하여 위치를 표시하는 것도 가능합니다. 이것이 바로 방금 배운 절댓값과 편각으로 나타낼 수 있다는 말입니다.

예를 들어, $2+2i$는 원점으로부터 거리가 $2\sqrt{2}≒2.83$정도 되고, 각도는 45° 위치에 있기 때문에 다음과 같이 표시할 수 있습니다.

극좌표와 관련된 내용은 '극좌표와 극방정식' 시간에 좀 더 자세히 알아보도록 하겠습니다.

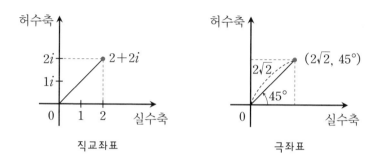

다음으로 복소수를 절댓값과 편각으로 나타내는 것을 알아보도록 합시다. 절댓값과 편각이 주어지면 반드시 하나의 복소수로 나타낼 수 있습니다.

$$a+bi=(절댓값)\angle(편각)$$

이렇게 나타내기로 하죠.

예를 들어, $1+i=\sqrt{2}\angle(45°)$로 나타낼 수 있습니다. 일반적으로 $1+i=\sqrt{2}(\cos45°+i\sin45°)$로 나타내고, 이러한 형태를 '극형식'이라고 합니다.

그래서 복소평면 위의 복소수는 절댓값과 편각으로 나타낼 수 있음을 알 수 있습니다. 다음 몇 개의 복소수를 절댓값과 편각으로 나타내어 봅시다.

$$-1, \ 2i, \ -5i, \ 1+i, \ -2-2i, \ -3+3i$$

정답

$-1 = 1 \angle (180°), \ 2i = 2 \angle (90°),$

$-5i = 5 \angle (270°),$

$1+i = \sqrt{2} \angle (45°),$

$-2-2i = 2\sqrt{2} \angle (225°), \ -3+3i = 3\sqrt{2} \angle (135°)$

지금까지 복소수를 좌표에 나타내는 방법을 알아보았어요.

다음 시간에는 여기서 배운 내용을 응용해서 복소수의 사칙연산이 복소평면에서 어떻게 이루어지는지 알아보도록 합시다.

오일러가 들려주는 복소수 이야기

세번째
수업 정리

① 복소수 $a+bi$는 직교좌표에서 (a, b)에 해당하는 점으로 복소평면에 대응시킬 수 있습니다.

② 복소수 $z=a+bi$의 절댓값은 복소평면의 원점에서 z까지의 거리를 의미하며 기호로 $|z|$로 나타내고, $|z|=\sqrt{a^2+b^2}$으로 구합니다.

③ 복소수 $z=a+bi$의 편각은 복소평면에서 z와 x축의 양의 방향과 이루는 각을 의미합니다.

④ 임의의 복소수는 절댓값과 편각으로 표현할 수 있습니다.

복소평면에서 복소수의
사칙연산

복소평면에서 두 복소수의
곱셈과 나눗셈을 할 수 있습니다.

네 번째 학습 목표

1. 소수의 덧셈, 뺄셈, 곱셈, 나눗셈을 좌표평면에서 도형으로 어떻게 나타내는지 알 수 있습니다.

2. 회전연산자로써 i의 역할을 알고 응용할 수 있습니다.

지난 시간에는 복소수를 복소평면에 나타내는 방법에 대하여 알아보았습니다. 이번 시간에는 복소수의 연산이 복소평면에서는 어떻게 이루어지는지 알아보도록 합시다. 쉽게 설명해서 두 복소수를 더하고, 빼고, 곱하고 나누는 것을 복소평면 위의 그림으로 확인해 보고 어떤 규칙이 있는지 알아보자는 것입니다.

먼저 예를 들어 보겠습니다. 두 복소수 $2+i$와 $1+3i$의 합은

$(2+i)+(1+3i)=3+4i$입니다. 이것을 복소평면에서 어떻게 더해지는가를 확인해 봅시다. $2+i$, $1+3i$, $3+4i$를 복소평면에 나타내면 어떤 모양이 나타나나요? $3+4i$는 $2+i$와 $1+3i$를 이웃하는 두 변으로 하여 평행사변형을 그렸을 때, 대각선에 해당하는 것을 알 수 있습니다. 평행사변형은 두 쌍의 마주보는 변이 평행한 사각형을 말한다는 것은 여러분도 알고 있죠?

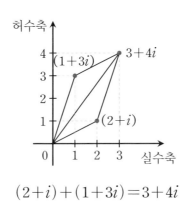

$$(2+i)+(1+3i)=3+4i$$

▨ 두 복소수의 덧셈

복소평면에서 두 복소수의 합을 구하는 방법은 두 가지가 있습니다. 하나는 평행사변형을 이용하는 방법이고 또 하나는 삼각형을 이용한 방법이지요.

오일러가 들려주는 복소수 이야기

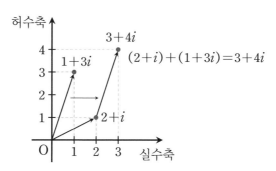

① 두 복소수를 각각 원점 O와 연결한다.

② 두 변에 평행하도록 평행선을 양 끝점에서 그린다.

③ 두 평행선이 만나는 점이 바로 두 복소수의 합이 된다.

먼저 평행사변형을 이용하는 방법입니다. 두 복소수를 복소평면에 나타낸 후, 원점과 두 복소수를 이은 두 변을 이웃하는 변으로 하여 평행사변형을 그리면 평행사변형의 나머지 한 점을 찾을 수 있는데, 그 점이 바로 두 복소수의 합이 되는 점입니다.

복소수의 합을 나타내는 또 하나의 방법은 삼각형을 이용하는 방법입니다. 두 복소수를 더할 때 하나의 복소수의 시작점을 평행하게 이동시켜 다른 복소수의 끝점과 방금 전 평행하게 이동된 화살표의 시작점과 일치하도록 합니다. 그러면 평행하게 이동된 화살표의 끝 점이 두 복소수의 합이 되는 점입니다.

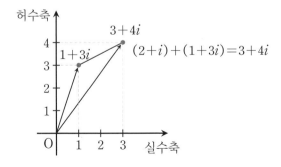

오일러가 들려주는 복소수 이야기

① 두 복소수를 원점 O와 연결한다.

② 하나의 화살표를 옮겨 옮겨진 화살표의 시작점과 다른 복소
   수의 끝점이 일치하도록 평행하게 이동시킨다.

③ 옮겨진 화살표의 끝점이 바로 두 복소수의 합이 된다.

이러한 방법을 거꾸로 생각해 봅시다. 평행사변형의 다른 한 점을 찾는 방법으로 복소수의 합을 구하면 아주 간단하게 해결된다고 할 수 있죠. 예를 들면, 원점, $(2, 3)$, $(1, 2)$를 세 점으로 하는 평행사변형의 다른 한 점은 무엇일까요? 방금 우리가 배운 복소수의 합을 이용하면 $(3, 5)$가 된다는 것을 알 수 있습니다. 좌표를 복소수로 바꾸면 $(2, 3)$은 $2+3i$, $(1, 2)$는 $1+2i$가 됩니다. 이 두 복소수를 더하면 $(2+3i)+(1+2i)=3+5i$가 되어 $(3, 5)$가 구하고자 하는 평행사변형의 네 번째 꼭짓점이 됩니다.

▨ 두 복소수의 뺄셈

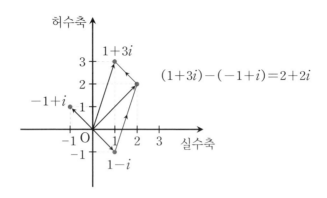

① $-(-1+i)=1-i$이므로 $-1+i$는 원점에 대칭이 되도록 이동시킨다.

② 이제 $(1+3i)+(1-i)$를 평행사변형에 의한 방법이나 삼각형을 이용한 방법으로 그려주면 된다.

복소수의 뺄셈은 덧셈과 비슷한 방법으로 생각해 볼 수 있습니다.

두 복소수 z와 w의 차 $z-w$는 $z-w=z+(-w)$로 생각하여 z와 $-w$를 더하면 됩니다.

$-w$는 w와 부호가 반대이므로, 복소평면에서는 원점에 대칭으로 나타납니다. 예를 들면, $1+2i$와 $-1-2i$가 원점에 대하여 대칭인 것과 같지요.

z와 $-w$의 합은 위에서 배운 평행사변형을 이용한 방법과 삼각형을 이용한 방법 중 하나의 방법을 골라 이용하여 구하면 되겠죠?

▨ 두 복 소 수 의 곱 셈

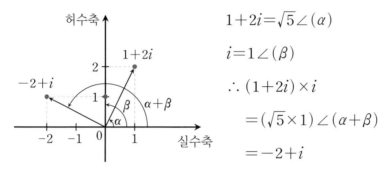

$$1+2i = \sqrt{5} \angle (\alpha)$$
$$i = 1 \angle (\beta)$$
$$\therefore (1+2i) \times i$$
$$= (\sqrt{5} \times 1) \angle (\alpha + \beta)$$
$$= -2+i$$

① 두 복소수의 편각을 더하여 원점에서 반직선을 그린다.
② 두 복소수의 절대값을 곱한 만큼의 길이로 끝점을 찾으면 그 점이 두 복소수의 곱셈이 되는 점이다.

복소평면에서 두 복소수의 곱은 합과 차와 달리 조금 복잡합니다. 두 복소수의 곱을 이해하기 위해서는 지난 시간에 배운 극형식에 대한 이해가 필요합니다. 하나의 복소수가 주어지면 그 복소수는 절댓값과 편각을 이용하여 나타낼 수 있습니다. 그렇게 나타낸 것이 극형식이라고 하였죠.

즉 $i=1\angle(90°)$처럼 나타낼 수 있습니다.

일반적으로 두 복소수를 곱하면 절댓값은 서로 곱해지고, 편각은 더해집니다. 이 명제의 증명은 삼각함수의 덧셈 정리 공식으로부터 유도할 수 있습니다.

$$r_1(\cos\theta_1+i\sin\theta_1)\times r_2(\cos\theta_2+i\sin\theta_2)=r_1r_2\{\cos(\theta_1+\theta_2)+i\sin(\theta_1+\theta_2)\})$$

예를 들어, $i\times(-1)=-i$가 되는 과정은 아래와 같습니다.

$$i\times(-1)=1\angle(90°)\times1\angle(180°)$$
$$=(1\times1)\angle(90°+180°)$$
$$=1\angle(270°)=-i$$

실제로 그림을 통해 확인해 볼까요?

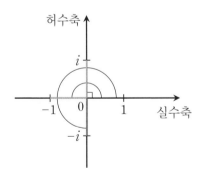

오일러가 들려주는 복소수 이야기

▨ 90° 회전연산자 i

복소수의 곱을 아주 유용하게 적용할 수 있는 것이 바로 i입니다.

i는 절댓값이 1이고 편각이 90°이기 때문에 어떤 복소수에 i를 곱하면 크기는 변화시키지 않으면서 각도만 90° 회전시킬 수 있습니다. 그래서 i를 회전연산자라고 부르기도 하지요.

$(2, 3)$을 90° 회전시킨 점을 찾고 싶다면 좌표를 복소수 $2+3i$로 고친 후 i를 곱합니다.

$$(2+3i) \times i = 2i + 3i^2 = 2i - 3 = -3 + 2i$$

즉 $(-3, 2)$가 구하고자 하는 점이 되지요.

재미있는 문제 하나 풀어 볼까요?

봉구는 집에서 우연히 한 쪽지를 발견했습니다. 그 쪽지에는 조상 대대로 내려오는 보물이 숨겨진 곳을 알려 주고 있었습니다. 쪽지에는 다음과 같은 내용이 적혀 있었습니다.

⑴ 복소섬에서 은행나무와 살구나무, 장승을 찾아라.

⑵ 장승에서 은행나무 방향으로 걸어간 후 오른쪽으로 90° 회전한 다음 걸어온 거리만큼 더 걸어간 후 첫 번째 말뚝을 박

는다.

(3) 장승에서 살구나무 방향으로 걸어간 후 왼쪽으로 90°회전한 다음 걸어온 거리만큼 더 걸어간 후 두 번째 말뚝을 박는다.

(4) 두 말뚝의 중간 지점에 보물이 숨겨져 있다.

봉구는 쪽지를 가지고 복소섬을 찾아가 은행나무와 살구나무를 찾았습니다. 하지만, 세월이 너무 흘러 그만 장승은 흔적도 없이 사라지고 말았습니다. 봉구는 하는 수 없이 이곳저곳 다 파 보았지만, 보물을 발견하지 못하고 거기서 늙어 죽고 말았습니다. 봉구가 복소수 i의 성질에 대하여 조금만 알고 있었더라도 보물을 찾을 수 있었을 텐데, 어떻게 하면 보물을 찾을 수 있을까요?

먼저 어떤 복소수에 i를 곱한다는 것은 복소평면에서 원점을 중심으로 90°만큼 회전 이동을 하는 것을 뜻합니다. 만일 복소수 i를 원점이 아닌 다른 복소수 a를 축으로 90°만큼 회전하고자 한다면, 먼저 z와 a 모두를 $-a$만큼 평행이동합니다. 그러면 z는 $z-a$가 되고, 축이 원점으로 옮겨집니다. 이제 i를 곱하여 90°만큼 회전시키면 $i(z-a)$가 됩니다.

이제 원래 자리로 돌아가게 하기 위해 복소수 a를 더하면

오일러가 들려주는 복소수 이야기

$i(z-a)+a$가 되는데, 이것이 바로 복소수 a를 축으로 하여 복소수 z를 90°만큼 회전시킨 점이 됩니다.

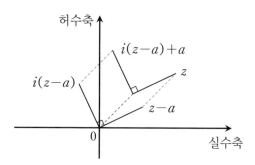

이 성질을 이용하여 다음과 같이 봉구의 문제를 해결해 보도록 합시다. 계산을 편리하게 하기 위해 은행나무와 살구나무를 각각 -1, 1이라고 합시다. 실제 거리를 구할 때에는 적당한 비를 찾아 곱하면 됩니다. 장승의 위치가 어디인지 모르니까 복소평면 위의 한 점 z에 있다고 합시다.

장승에서 은행나무 방향으로 걸어간 후 오른쪽으로 90°만큼 돌아서 같은 거리만큼 갔다는 뜻은 장승이 있는 장소가 은행나무를 축으로 하여 90°만큼 회전시킨 곳이라는 것과 같은 말이 됩니다. 따라서 장승이 있는 장소를 은행나무를 축으로 90°만큼 회전

이동한 곳의 위치는 $i(z+1)-1$이 됩니다.

마찬가지 방법으로 살구나무 방향으로 걸어간 후 왼쪽으로 $90°$ 만큼 돌았다고 하였습니다. 이것은 장승을 살구나무를 축으로 하여 $-90°$회전한 것을 말하는 것입니다. $-90°$회전은 $-i$를 곱하여 회전시킨 장소이므로 $-i(z-1)+1$가 됩니다. 이 두 지점을 연결한 곳의 중간 지점이라 하였습니다. 두 복소수를 더한 후 2로 나누면 중간 지점이 나옵니다.

결론적으로 $\dfrac{i(z+1)-1+(-i)(z-1)+1}{2}=i$가 나오므로 보물이 숨겨진 장소는 은행나무에서 살구나무 방향으로 중간만큼 간 후, 왼쪽으로 $90°$돈 후 왔던 거리만큼 더 가면 나온다는 것을 알 수 있습니다.

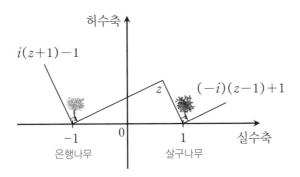

오일러가 들려주는 복소수 이야기

▨ 두 복소수의 나눗셈

복소수의 나눗셈은 복소수의 곱셈과 반대로 생각하면 됩니다. 두 복소수의 나눗셈을 할 경우 절댓값은 서로 나누고, 편차는 빼면 됩니다.

예를 들어, $(4+4i) \div (2i) = 2-2i$를 그림을 통해 확인해 봅시다.

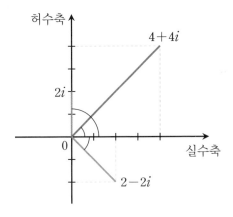

곱셈과 나눗셈을 복소평면에서 다루는 것은 조금 복잡하지요? 여러분이 직접 복소평면에서 복소수의 곱셈과 나눗셈을 다루기 어렵다면 덧셈과 뺄셈, 그리고 회전연산자 i 정도만 이해하고 넘어가도 별 무리가 없을 것입니다.

복소수를 단순히 숫자로만 다루다가 복소평면 위에 도형으로 나타내는 것은 대수와 기하를 연결해 주는 중요한 통로로써의 역할을 합니다. 우리 주변의 많은 도형과 사물들을 해석하는 데 수학을 이용하여 수식으로 변형한다면 좀 더 쉽게 다루고 이해할 수 있답니다.

▨ 드 무 아 브 르 의 정 리

지금까지 배운 복소수의 성질을 이용하여 '드무아브르의 정리'를 이끌어 낼 수 있습니다. 드무아브르는 17세기 프랑스의 수학자로 복소수에 대한 연구를 많이 했던 사람입니다.

복소수 $a+bi$의 절댓값이 r, 편각이 θ일 때, $(a+bi)^n=r^n\angle n\theta$ (단, n은 정수)가 된다는 것이 드무아브르의 정리_{유리수 n에 대하여 $(\cos\theta+i\sin\theta)^n=\cos n\theta+i\sin n\theta$이 성립하는데, 이 식을 드무아브르의 정리라고 합니다}입니다. 예를 들어, $1+i$는 절댓값이 $\sqrt{2}$이고 편각이 $45°$이므로 $1+i=\sqrt{2}\angle(45°)$와 같이 쓸 수 있습니다. 그런데 드무아브르의 정리를 이용하면 $(1+i)^{10}=(\sqrt{2})^{10}\angle(10\times45°)=2^5\angle(450°)=32\angle(90°)=32i$ 와 같이 쉽게 계산할 수 있답니다. 만일 드무아브르의 정리가 없었다면 직접 $(1+i)\times(1+i)\times\cdots$

오일러가 들려주는 복소수 이야기

복소수 $a+bi$의 절댓값이 r, 편각이 θ일 때, $(a+bi)^n=r^n\angle\theta$ (단, n은 정수)가 됩니다. 복소수 공부를 많이 한 제가 만든 정리죠. 복소수 계산에 엄청난 도움이 될 겁니다.

드무아브르

$\times(1+i)$를 구해야 합니다. 지수가 더 많아지면 계산은 더욱 더 복잡해지기만 하죠.

한편, 드무아브르의 정리는 $x^n=c$(단, c는 상수)꼴의 방정식의 해를 구하는 데 아주 유용하게 적용할 수 있습니다.

$x^5=1$, 즉 어떤 수를 5번 곱해서 1이 되는 수가 무엇일까요?

라는 질문에 여러분은 쉽게 1을 찾아 낼 수 있을 것입니다. 왜냐
하면,

$$1 \times 1 \times 1 \times 1 \times 1 = 1$$

이기 때문이지요. 하지만, 어떤 수를 5번 곱해서 1이 되는 수가
5개가 있다고 하면 여러분은 믿으시겠습니까?

그 어떤 수가 실수라면 실제로 5번 곱해서 1이 되는 수는 1 하
나밖에 없습니다. 하지만, 복소수까지 확장해서 그 수를 찾는다
면 다음과 같이 모두 5개가 됩니다.

$$\cos 0 + i \sin 0 = 1,$$

$$\cos \frac{2\pi}{5} + i \sin \frac{2\pi}{5} \fallingdotseq 0.309 + 0.951i$$

$$\cos \frac{4\pi}{5} + i \sin \frac{4\pi}{5} \fallingdotseq -0.809 + 0.588i$$

$$\cos \frac{6\pi}{5} + i \sin \frac{6\pi}{5} \fallingdotseq -0.809 - 0.588i$$

$$\cos \frac{8\pi}{5} + i \sin \frac{8\pi}{5} \fallingdotseq 0.309 - 0.951i$$

이 5가지 복소수는 모두 다섯 번 곱했을 때 1이 됩니다. 참고로
이와 같이 5번 곱해서 1이 되는 이런 수들을 '5차 단위근' 이라고

오일러가 들려주는 복소수 이야기

부릅니다. 간단히 예를 들어, 1차 단위근은 1로써 한 개, 2차 단위근은 −1, 1로써 두 개, 같은 방법으로 10차 단위근은 10개가 있습니다.

지금까지 복소수의 사칙연산을 복소평면에서 나타내는 방법과 드무아브르의 정리에 대하여 알아보았습니다. 복소수는 실수에 i 라는 조그만 기호 하나가 더 만들어져서 된 수일 뿐인데, 이렇게 많은 성질들이 있다니 신기하지 않나요?

네번째
수업 정리

① 복소평면에서 두 복소수의 합과 차를 구하는 방법은 평행사변형 및 삼각형을 이용하여 구할 수 있습니다.

② 복소평면에서 두 복소수의 곱은 각 복소수의 절댓값끼리는 곱하고, 편각은 서로 더합니다.

③ 복소평면에서 두 복소수의 나눗셈은 각 복소수의 절댓값끼리는 나누고, 편각은 뺍니다.

④ 복소수 i는 회전연산자로써 어떤 복소수에 곱해지면 90°만큼 회전시키는 역할을 합니다.

극좌표와 극방정식

극 방정식은 극좌표 위에서 다양한 모양으로
표현이 가능합니다.

1. 직교좌표로 나타내어진 복소수를 극좌표로 읽을 수 있습니다.

2. 직교좌표를 이용하여 나타내기 복잡한 방정식을 극방정식으로 나타내어 여러 가지 아름다운 모양의 그래프를 그릴 수 있습니다.

오일러의
다섯 번째 수업

포병포를 쏘는 병사부대에 근무하는 김중위와 박중위는 아래와 같은 지점에 포를 발사하여 적의 기지를 무력화시키라는 지시를 받았습니다.

김중위와 박중위는 각각 다른 방법으로 명령을 내립니다. 대포에는 각을 측정할 수 있는 각도기가 달려 있고, 높이를 조정하여 정확한 거리만큼 포격할 수 있다고 할 때, 허병구 일병은 누구의 말을 더 잘 알아들을 수 있을까요?

김중위 : 우리지점을 원점으로 하여 (4km, 4km)지점에 포
격하라.

박중위 : 학교로부터 45°의 양의 각으로 5km 지점에 포격하라.

오일러가 들려주는 복소수 이야기

기존의 직교좌표에서 적의 위치를 알고 적군을 공격하려고 합니다. 하지만 대포는 거리와 각도만 조절할 수 있기 때문에 직교좌표를 이용하여 파악하기에는 어려움이 있습니다. 이때 극좌표를 이용하면 조금 더 편리하게 적의 위치를 파악할 수 있습니다.

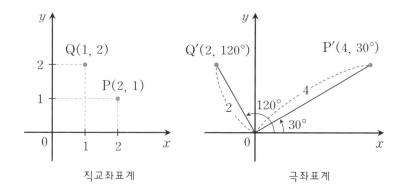

직교좌표계   극좌표계

잠수함이나 비행기, 또는 밤에 산꼭대기에 설치되어 있는 레이더를 보면 적이 나타났을 때 얼마나 가까이 어느 위치에 왔다는 것을 알 수 있는데, 역시 각도와 거리의 두 가지를 이용하여 적의 위치를 파악할 수 있습니다.

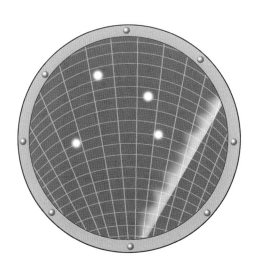

오일러가 들려주는 복소수 이야기

복소평면 위의 임의의 한 점은 복소수로 나타낼 수 있고, 모든 복소수는 극형식으로 나타낼 수 있습니다. 즉 복소수 $a+bi=r\angle\theta$로 나타낼 수 있으며 좌표로 나타낼 때에는 (a, b)를 (r, θ)로 나타낼 수 있습니다.

기존의 직교좌표 대신 해당하는 점의 복소수 값에 대한 절댓값과 편각을 구한 후 이 두 가지를 좌표로 하는 새로운 좌표계를 도입할 수도 있습니다. 이러한 좌표를 극좌표[8]라고 합니다.

극좌표의 성질은 첫 번째, 원점으로부터의 거리를 의미합니다. 두 번째, 기준선으로부터의 편각, 즉 각도를 의미합니다.

[8] 극좌표 평면 위에서의 한 점의 위치를 원점으로부터의 거리와 방향에 따라 나타내는 좌표. 여기서는 복소수의 절댓값과 편각으로 나타낸다.

극좌표로 표현된 다음의 점을 좌표평면 위에 나타내어 볼까요?

$(3, 30°)$

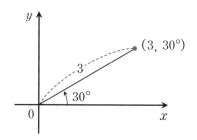

극좌표 위에서 극방정식이 그리는 모양은 아름다우면서 다양한 모양으로 나타납니다. 이 극 방정식을 이제부터 그려 보려고 합니다. 직접 하나하나 점을 찍어가며 그릴 수 있겠지만, 시간도 너무 오래 걸리고 어렵기 때문에 대부분은 공학용 계산기나 컴퓨터 프로그램을 사용하여 그립니다. 컴퓨터를 이용하여 그린 다양한 그림들을 감상하면서 어떤 특징이 있는지 관찰해 보도록 하세요.

(1) $r = 2$

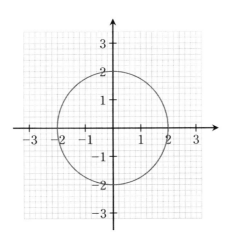

이 모양은 반지름이 2인 원입니다. 식은 아주 간단하죠? 말 그대로 원점으로부터 거리가 2인 점들을 모두 표시한 것이죠. 편각

에 대한 언급이 없기 때문에 모든 각에 대한 좌표를 나타냅니다. 숫자 2를 다른 값으로 조절하면 더 큰 원도 그릴 수 있고, 더 작은 원도 그릴 수 있겠죠.

직교좌표를 이용하여 원을 구할 때는 $x^2+y^2=2^2$이란 식을 이용한다고 해요. 극좌표를 이용하니 이보다 훨씬 간단한 식으로 원을 그릴 수 있죠?

(2) $r=\theta^2$

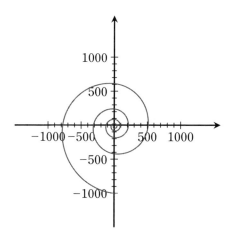

나선형 모양의 이 그래프는 원점으로부터의 거리가 편각의 제곱에 비례한다는 식입니다. 즉 편각이 0일 때에는 원점으로부터

거리가 없다가 점점 편각이 커지면 거리가 멀어지는 나선 모양이 됩니다. 이런 모양은 소라 껍데기나 달팽이 껍데기 등에서 많이 발견되는데, 그런 복잡한 모양을 위와 같은 간단한 식이면 컴퓨터로 정확하게 그릴 수 있다는 것이 신기하죠?

이와 같은 그림은 손으로 직접 그리지 않고 주로 컴퓨터를 이용하여 그립니다. 디자인이나 설계 부분에서 수학을 이용하면 손보다 더 정확하게 원하는 모양을 그릴 수 있습니다.

(3) $r = \cos 2\theta$

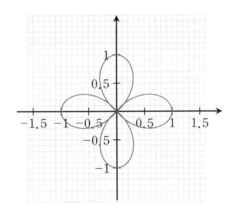

이 모양을 보면 어떤 무늬가 떠오르나요?

네 장의 잎을 가진 꽃잎 같지 않나요?

오일러가 들려주는 복소수 이야기

이 식에는 낯선 문자들이 있죠? 'cos'이란 문자가 식 앞에 붙어 있는 것을 알 수 있어요. 이것은 '코사인'인데, 편각에 코사인을 붙이면 꽃잎을 만들 수 있습니다. '코사인'에 대한 내용을 여기서 다루기엔 내용이 많고 복잡하기 때문에 《푸리에가 들려주는 삼각함수 이야기》편에서 따로 다루게 될 거예요.

삼각함수와 복소수는 매우 관련이 깊습니다. 여기서는 '꽃잎을 만들기 위해' 코사인 '이란 것을 사용한다' 정도로 기억해 주면 좋겠네요. 때로는 'cos' 대신에 'sin'을 쓰기도 하는데, sin은 '사인'이라고 읽죠. 어떤 차이가 있는지 그림을 보고 비교해 볼까요?

(4) $r = \sin 2\theta$

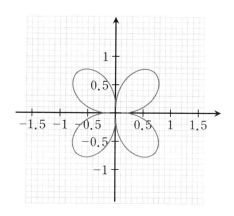

꽃잎에서 잎의 개수나 모양은 똑같지만, 앞의 그림과 달리 45도 정도 돌아간 것을 알 수 있죠? 자세히 설명하면 앞의 그림은 꽃잎들이 모두 축에 걸쳐 있지만, 이번 그림은 축에 걸쳐 있는 것이 하나도 없다는 것을 알 수 있습니다. 그리고 꽃잎을 그릴 때

어디서부터 그리느냐에 차이가 있을 뿐 그림의 모양은 똑같이 나온다는 것도 알 수 있습니다. 그림이 달라 보이나요? 기름종이에 옮겨서 서로 맞추어 보면 똑같은 크기와 모양을 가진다는 것이 확인됩니다.

그렇다면 꽃잎의 모양을 더 늘리고 싶을 때 식을 어떻게 써야 할지 궁금하지요? 아래 그림을 살펴보도록 해요.

(5) $r = \cos 4\theta$

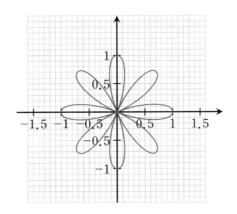

이렇게 θ 앞의 숫자를 늘려 보면 더 많은 꽃잎이 생겨나는 것을 알 수 있어요. θ 앞의 숫자가 짝수이면 꽃잎이 그 숫자의 2배가 생기는 것을 알 수 있습니다. 대신 꽃잎의 두께는 더 얇아지고 있어요.

"그럼, θ 앞의 숫자가 홀수이면 꽃잎의 수는 그 숫자의 두 배가 되지 않나요?"

아니요, 특이하게도 θ 앞의 숫자가 홀수일 경우에는 꽃잎이 그 숫자만큼만 생깁니다. 아래 그림을 보고 한번 확인해 볼까요?

(6) $r = \cos 3\theta$

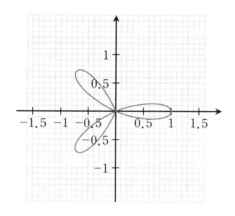

이렇게 θ 앞의 숫자가 홀수가 되면 그 숫자만큼만 잎사귀가 생기는 것을 알 수 있지요. 이제 여러분도 수식을 이용해서 간단한 꽃잎을 그릴 수 있겠지요?

오일러가 들려주는 복소수 이야기

(7) $r = 1 - \sin\theta$

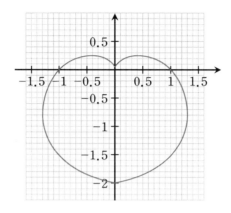

"야, 이건 뚱뚱한 하트♡다!"

맞아요, 극방정식을 이용하면 하트도 아주 간단하게 그릴 수가

있어요. 조금 뚱뚱하긴 해도 이렇게 간단한 식으로 하트 모양을

그릴 수 있다는 것이 신기하지요?

(8) $17r^2 = 225 + 16r^2 \, |\cos\theta| \sin\theta$

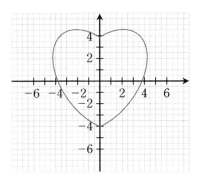

이 식은 조금 더 복잡한 형태입니다. 어때요? 거의 하트 모양에 가깝지 않나요? 이 식은 우리나라의 한 드라마에 나왔던 사랑방 정식 $17x^2 - 16|x|y + 17y^2 = 225$를 극방정식의 꼴로 고친 것입니다.

(9) $r = 1 - \sin 6\theta$

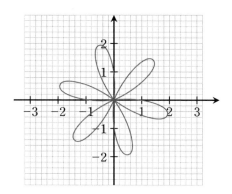

앞의 식에서 θ 앞의 숫자를 바꾸어 주면 이렇게 6개의 잎을 가진 꽃잎도 만들 수가 있습니다.

(10) $r = 1 + 2\cos\theta$

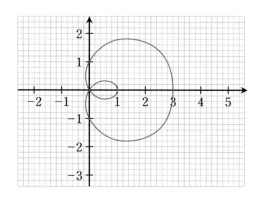

이 모양도 참 재미있는 모양이죠? 무엇을 닮았나요? 이 그림은
여러분의 상상력에 맡기도록 해 보죠.

오일러가 들려주는 복소수 이야기

❶ 극좌표의 각 성분을 이용하여 나타내어진 방정식을 극방정식이라고 합니다.

❷ 간단한 극방정식으로 여러 형태의 곡선 그림을 그릴 수 있습니다.

초월함수와
복소수

지수함수, 로그함수, 삼각함수, 역삼각함수는
초월함수입니다.

1. 대수함수와 비교하여 초월함수가 무엇인지 알 수 있습니다.

2. 실수에서 정의된 초월함수의 정의역이 형식이나 성질을 만족하면서 복소
   수까지 확장되는 과정을 알 수 있습니다.

이번 강의는 고등학교 3학년 과정 중에서도 대학을 이공계로 희망하고자 하는 학생들에게만 이해할 수 있을 정도로 매우 어려운 주제를 다루기 때문에 이해가 잘 되지 않는다면 다음 수업으로 바로 넘어가셔도 좋습니다.

함수는 일반적으로 대수함수와 초월함수로 나눌 수 있습니다. 대수함수는 다항식의 사칙연산 및 제곱, 제곱근으로 이루어진 식이고, 그렇지 않은 함수를 초월함수라고 합니다. 예를 들면, 다항함수, 유리함수, 무리함수 등은 모두 **대수함수**이고, 지수함수, 로그함수, 삼각함수, 역삼각함수는 **초월함수**입니다.

(1) **지수함수**

먼저 알아볼 초월함수는 지수함수인데, 지수란 $2^3 = 2 \times 2 \times 2$

오일러가 들려주는 복소수 이야기

에서 3을 의미합니다.

지수는 우리 반 여학생 이름일 뿐만 아니라 $2^3 = 2 \times 2 \times 2 = 8$에서 3을 의미합니다.

지수
$2^3 = 2 \times 2 \times 2 = 8$
밑

지수
$②^③ = 2 \times 2 \times 2 = 8$
밑

$y = 2^x$와 같이 지수에 문자가 있는 함수를 지수함수라고 합니다.

$2^3 = 8$이란 것은 여러분들이 잘 알고 있겠지요. 자, 이제부터 지수를 조금 더 큰 수의 세계로 확장해 보도록 합시다. 먼저 2^{-1}, 2^0과 같이 지수에 음수나 0이 오면 어떻게 계산해야 할까요? 게다가 $2^{\frac{1}{2}}$과 같이 분수가 올 수도 있습니다. 그뿐이 아닙니다. $2^{\sqrt{2}}$와 같이 지수에는 무리수가 올 수도 있으며, 심지어 2^i과 같이 지수에 복소수가 오는 경우도 있습니다. 이런 경우 계산을 어떻게 할 것이며 이 수들은 우리가 배운 수들 중에 하나의 수일지 아니면 지금까지 한 번도 못 본 새로운 수인지 궁금증을 가지게 됩니다.

여기서 지수에 여러 가지 수들이 쓰일 때는 지수법칙을 만족시키기 위해서 앞의 수들을 새롭게 정의합니다. 지수법칙이란 아래 4가지의 법칙을 말합니다.

(1) $a^x a^y = a^{x+y}$ (2) $(a^x)^y = a^{xy}$

(3) $(ab)^x = a^x b^x$ (4) $a^x \div a^y = a^{x-y}$

단, 여기서 a, b는 양수, x, y는 실수

이와 같은 성질을 만족시키기 위해 a^{-n}, a^0, $a^{\frac{1}{n}}$을 다음과 같이 정의합니다.

$$a^{-n}=\frac{1}{a^n},\ a^0=1,\ a^{\frac{1}{n}}=\sqrt[n]{a}$$

예를 들어, $2^0=1$이 됩니다. 그 이유는 $2^2\times 2^0=2^{2+0}=2^2$에서 $2^0=1$로 정의하면 자연스럽게 지수법칙을 만족시키게 되지요. 마찬가지로 $2^3\times 2^{-3}=2^{3-3}=2^0=1$로부터 $2^{-3}=\frac{1}{2^3}=\frac{1}{8}$로 정의하면 역시 자연스럽게 지수법칙 (1)을 만족하게 됩니다. 한편 $(2^{\frac{1}{2}})^2=2^{\frac{1}{2}\times 2}=2^1=2$에서 $2^{\frac{1}{2}}=\sqrt{2}$라는 것도 이끌어 낼 수 있습니다.

이렇게 정의하면 지수를 모든 유리수까지 확장할 수 있고, 지수가 무리수인 경우는 유리수의 극한으로 생각하여 모든 실수에 대하여 지수함수를 정의할 수 있습니다. 그래서 지수함수는 실수에서 정의된 함수가 되는 것이죠.

그렇다면 지수를 복소수까지 확장할 수도 있을까요?

이 문제는 지수법칙과는 조금 다른 성질을 가집니다. 복소수까지 확장하는 기본은 다음의 식입니다.

$$e^{i\theta}=\cos\theta+i\sin\theta$$

이 식은 '오일러의 공식'이라고 불리는데, 테일러 전개대학에서 배우는 내용으로 초월함수나 유리함수, 무리함수 등을 다항함수들의 합으로 표현할 수 있습니다를 통하여 얻어집니다.

$$f(x) = f(0) + f'(0)x + f''(0)\frac{x^2}{2!} + \cdots$$

테일러 전개는 미적분학에서 평균값의 정리를 연속으로 이용하면 구할 수 있습니다. 초월함수의 특정한 값을 구할 때는 실제로 그 값을 계산하기 어렵기 때문에 다항식으로 바꾸어서 근삿값을 구합니다. 몇 가지 초월함수의 테일러 전개로 예를 들면 다음과 같습니다.

$$\sin x = x - \frac{x^3}{3!} + \frac{x^5}{5!} - \frac{x^7}{7!} + \cdots$$

$$\cos x = 1 - \frac{x^2}{2!} + \frac{x^4}{4!} - \frac{x^6}{6!} + \cdots$$

$$e^x = 1 + x + \frac{x^2}{2!} + \frac{x^3}{3!} + \frac{x^4}{4!} + \cdots$$

여기서 우변의 값을 많이 취하여 계산할수록 그 값은 좌변의 값과 가까워집니다. 하지만 우변의 식 중 세 개나 네 개 정도만 끊어서 계산을 해도 실제의 값과 상당히 근사한 값을 얻을 수가 있습니다.

　그렇다면 2^i은 어떻게 구할까요?

$$2^i = e^{\ln 2^i} = e^{i\ln 2} = \cos(\ln 2) + i\sin(\ln 2) \fallingdotseq 0.769 + 0.639i$$가
되어 2^i은 절댓값이 1인 복소수임을 알 수 있습니다.

　그리고 $e^{\pi i} = \cos\pi + i\sin\pi = -1 + 0i = -1$이 되는데, 여기
서 나온 공식 $e^{\pi i} + 1 = 0$을 수학자들은 세상에서 가장 아름다운
수학 공식이라고 부릅니다. 왜냐하면 여기엔 수학에서 가장 중요
한 숫자들 5개가 모두 들어 있거든요. 0덧셈에 대한 항등원, 1곱셈에 대
한 항등원, i허수 단위, $\pi = 3.141592\cdots$;원주율, $e = 2.718281828\cdots$;오일러 수.
이 다섯 가지 수들이 한데 모여 이렇게 간단한 식에 들어 있으니
참 아름답다고 하는 것이지요.

그렇다면 i^i은 어떻게 될까요? 이것은 다음에 나오는 로그함수를 통하여 알아보도록 합시다.

(2) 로그함수

로그함수는 다음과 같이 정의됩니다.

$a>0$, $a\neq1$, $b>0$에 대하여 $a^x=b$이면 $\log_a b=x$

여기서 a대신 e자연상수를 밑으로 하는 로그는 $\log_e b=\ln b$와 같이 $\ln$이란 기호를 사용합니다. $\log$ 다음에 오는 수 b를 진수라 하는데, 진수 b는 보통 실수가 사용됩니다. 그렇다면 여기서도 b를 복소수까지 확장하는 경우는 어떻게 하면 될까요?

예를 들어 $\ln i$를 구해보도록 합시다.

$$\ln i = \ln\left(\cos\frac{\pi}{2} + i\sin\frac{\pi}{2}\right) = \ln e^{i\frac{\pi}{2}} = \frac{\pi}{2}i$$

가 되어, $\ln i$도 복소수임을 알 수 있습니다.

그렇지만, $\ln i = \ln\left(\cos\frac{5\pi}{2} + i\sin\frac{5\pi}{2}\right) = \ln e^{\frac{\pi}{2}i + 2\pi i} = \frac{\pi}{2}i + 2\pi i$
로 쓸 수도 있기 때문에 $\ln i = \left(2n + \frac{1}{2}\right)\pi i$ (n은 정수)로 쓸 수 있습니다. 즉 $\ln i$는 여러 가지 값을 가질 수 있기 때문에 함숫값이라고 할 수는 없습니다. 일반적으로는 $\ln z = \ln|z| + \arg z$로 주어지는데, $\arg z$는 복소수 z의 편각을 의미합니다.

i^i도 이와 비슷하게 구할 수 있습니다.

$i^i = x$라 하고, 양변에 자연로그를 취하면,

$$i\ln i = \ln x$$

$\ln i = \frac{\pi}{2}i$로 하면, $\ln x = -\frac{\pi}{2}$가 되어, $x = e^{-\frac{\pi}{2}}$가 됩니다.
즉 $i^i = e^{-\frac{\pi}{2}}$ 실수가 됩니다.

이렇게 하여 로그함수의 진수를 복소수까지 확장하였습니다.

(3) 삼각함수

이제는 삼각함수에 대하여 알아봅시다. 삼각함수는 직각삼각형의 한 각과 다른 변들 사이의 관계와 관련된 함수입니다. 예를 들어, $\sin 60°$는 한 각이 $60°$인 직각삼각형을 오른쪽 그림과 같이 놓았을 때, $\dfrac{(높이)}{(빗변의\ 길이)}$에 해당하는 비의 값을 의미합니다. 그래서 $\sin 60° = \dfrac{\sqrt{3}}{2}$이 되지요. 그런데 보통 각의 단위로 '도'라는 단위보다 '라디안 1(rad) = $\dfrac{180}{\pi} \approx 57$정도 되는데, 보통 단위를 생략하여, 1($rad$) = 1이라고 씁니다' 이란 단위를 쓰기 때문에 여러분이 생각하는 일반적인 각도와 조금은 다릅니다.

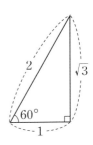

삼각함수는 $y = \sin x$, $y = \cos x$, $y = \tan x$가 가장 많이 쓰이는 함수로써 일정한 주기를 가지고 계속 순환하는 특징이 있습니다. 이 함수의 정의역을 복소수 범위로 확장하기 이전에 다음의 정의를 잘 기억하고 있어야 합니다.

$$e^{ix} = \cos x + i\sin x$$
$$e^{i(-x)} = \cos(-x) + i\sin(-x)$$
$$= \cos x - i\sin x$$

이 두 식을 더한 후 2로 나누면 $\cos x$, 하나의 식에서 다른 식을 뺀 후 2로 나누면 $\sin x$가 $\cos x$와 $\sin x$는 다음과 같습니다.

오일러가 들려주는 복소수 이야기

$$\cos x = \frac{e^{ix} + e^{-ix}}{2}, \ \sin x = \frac{e^{ix} - e^{-ix}}{2i},$$

$$\tan x = \frac{\sin x}{\cos x} = \frac{-ie^{ix} + ie^{-ix}}{e^{ix} + e^{-ix}}$$

여기서 x를 복소수 범위로 확장하면 삼각함수도 복소수에 대하여 정의할 수 있습니다. 예를 들어,

$$\cos(i) = \frac{e^{i(i)} + e^{-i(i)}}{2} = \frac{e^{-1} + e}{2} = \frac{1 + e^2}{2e} \fallingdotseq 1.54308$$

보통 θ가 실수일 때 $\sin\theta$, $\cos\theta$의 값은 -1과 1 사이의 값들을 가지지만, 정의역을 복소수 범위까지 확장하면 그 이외의 값들도 가질 수 있다는 것을 알 수 있습니다.

이렇게 수를 확장하는 이유가 무엇일까요? 수를 확장하면 수의 성질들에 대하여 더 잘, 더 넓게 이해하게 됩니다. 그렇게 이해가 되었을 때 다시 확장하기 전의 수를 보면 수를 훨씬 더 잘 이해할 수 있답니다. 그리고 더 어려운 문제를 해결하는 데에도 도움이 된다는 것은 두말할 나위도 없겠죠?

계산이 안 되는 문제는 고민과 연구를 통해 풀이가 가능하도록

했습니다. 이는 그동안 수학자들이 이룩한 업적입니다. 여러분들이 수학을 더욱 깊고 넓게 볼수록 수학에서 더욱 새로운 것들을 발견할 수 있을 것입니다. 이처럼 수학은 아무리 파도 마르지 않는 우물처럼 우리에게 무한한 문제를 제시해 줄 수 있습니다.

복소수의 활용

복소수는 우리 생활의 여러 분야에서 이용되고 있습니다.

1. 복소수가 어느 분야에 활용되는지 알 수 있습니다.

2. 복소수를 실생활 속에서 관심을 가지고 이용할 수 있습니다.

복소수는 전자공학, 수학, 물리학, 천문학 등 여러 분야에서 많
이 이용되고 있습니다. 복소수의 이용 분야를 살펴보기 전에 머
리 좀 식힐 겸 이야기 하나 듣고 갈까요?

어느 마을에 한 청년이 살고 있었습니다. 그 사람은
아래 마을의 한 여인과 사랑에 빠지게 되었습니다. 그

는 사랑하는 애인을 만나기 위해 그 마을로 가려고 결심했습니다. 하지만 마을에 가려면 큰 강을 건너야만 했습니다. 그 강에는 다리가 없어서 강을 거슬러 한참이나 올라야 했지만, 그렇다고 강을 건널 수 있다는 보장도 없었습니다. 그래서 사실상 강을 건넌다는 것은 불가능했습니다.

그 강을 건너려면 다리가 필요했지만 마을에 사람들도 적고 강의 물살은 너무 세었을 뿐만 아니라 다리를 만들기에는 시간도 너무 많이 걸리고 그만한 다리를 함께 만들 수 있는 사람과 기술도 없었기 때문에 청년은 늘 고민을 하게 되었습니다. 때마침 하늘을 마음껏 날아다니는 독수리가 그 청년이 매일 강가에서 고민하는 모습을 보고 불쌍한 마음이 들어 도와주기로 했습니다. 독수리는 큰 발톱으로 그 청년을 잡고 강을 건너도록 하게 해 주었답니다. 청년은 독수리에게 고맙다는 인사를 하고 아래 마을로 내려가 애인을 만나 행복하게 살수가 있었다고 합니다.

오일러가 들려주는 복소수 이야기

복소수를 발견하기 전까지 사람들은 청년이 강을 건너는 것이 불가능하다고 생각한 것처럼 실수만으로 수학 문제를 해결하는 데 어려움이 많았습니다. 하지만, 이제 복소수의 등장으로 날개 달린 독수리처럼 실수의 범위를 뛰어넘는 새로운 방법을 찾게 되었지요. 복소수는 수학의 세계에서 매우 획기적인 발견이었습니다. 이 새로운 발견이 과학이나 공학 등의 여러 분야에서도 많이 활용되었습니다. 이제 그 활용에 대하여 살펴보도록 합시다.

(1) 다항식 근의 개수에 대한 문제 해결

독일 출생의 천재 수학자 가우스는 복소수의 위력을 다른 수학자들에게 널리 알린 대표적인 사람입니다. 당시 수학자들은 다항방정식의 해를 구하기 위한 연구를 많이 했습니다.

다항방정식이란 $x+1=0$, $x^2-2=0$과 같은 일차방정식, 이차방정식 등을 말합니다. 자세히 설명하면 문자와 숫자의 합과 곱으로만 이루어진 식, 즉 다항식=0 꼴의 모양으로 나타낼 수 있는 식입니다. 그중 일차방정식 $ax+b=0$의 해는 $x=-\dfrac{b}{a}$와 같이 풀 수 있다는 것을 중학교 1학년 과정에서 배웁니다. 이차방정식 $ax^2+bx+c=0$의 해는 인수분해를 이용한 방법과 근의 공식을 이용하여 구하는 방법이 있습니다. 이것은 중학교 2학년 과 3학년 과정에서 각각 공부하게 됩니다. 3차방정식이나 4차 이 상의 방정식은 특별한 경우 인수분해가 되는 것들만 구할 수가 있는데, 이것도 고등학교 1학년이 되어서야 공부하기 때문에 쉽 지는 않죠.

하지만, 가우스 당시 3차방정식과 4차방정식의 해법은 이미 알 려졌습니다. 3차방정식은 이탈리아의 수학자 타르탈리아가 처음 으로 풀었지만, 카르다노의 책에 기록되어 있기 때문에 카르다노 의 공식으로 널리 알려져 있습니다. 4차방정식은 카르다노의 제 자 패러리에 의해 일반적인 해법이 알려졌습니다.

5차 이상의 방정식의 해를 찾기 위한 여러 노력 끝에 갈로아와

오일러가 들려주는 복소수 이야기

아벨은 5차 이상의 방정식에서 근의 공식과 같은 일반적인 해법은 없다고 증명을 하였습니다. 그래서 다항방정식의 일반적인 해, 즉 근의 공식을 찾으려는 노력은 더 이상 할 필요가 없는 것이죠. 하지만, 근의 개수에 대한 언급은 할 수 있었습니다. 1차 방정식은 반드시 한 개의 근을 가지고, 2차 방정식은 중근도 두 개로 취급하면 모든 이차방정식은 복소수의 범위^{해가 복소수까지 허용된다는 것을 의미합니다}에서 두 개의 근을 가지게 됩니다. 3차 방정식과 4차 방정식도 복소수 범위에서 각각 3개, 4개의 근을 가지게 됩니다. 이것을 일반화 하면 n차 방정식은 n개의 근을 가진다는 것을 알 수 있습니다. 예를 들면 5차 방정식은 복소수 범위에서 반드시 5개의 근을 가지고, 10차 방정식도 복소수 범위에서 10개의 근을 가진다는 것이죠. 이 사실을 명쾌하고 깔끔하게 증명한 사람이 바로 가우스입니다. 그리고 복소수를 이용한 여러 가지 성질들도 발견해 냈습니다.

가우스는 다항방정식의 해가 복소수 범위에서 차수만큼의 근을 갖는다는 증명을 했습니다. 예를 들면, $x^5 + 3x^4 - 2x^2 + x + 5 = 0$와 같은 5차 방정식이 실수의 범위에서 몇 개의 근을 갖는지 알아보려면 조금 복잡한 방법이 필요합니다. 하지만 복소수의 범위에서는 5개의 근을 갖는다는 것을 바로 알 수 있지요. 고차방정식의 풀이는 오래전부터 수학자들에게 관심의 대상이었는데, 가우스의 증명으로 복소수의 범위에서 근의 개수에 관한 문제는 해결되었다고 말할 수 있죠.

(2) 공학에서의 활용

대학에서 전자공학이나 전기공학 분야를 공부했다면 푸리에 급수나 푸리에 변환을 안 들어본 사람이 없을 것입니다. 이 정도로 푸리에 급수는 매우 중요한 공식입니다. 모든 주기 함수는 복

오일러가 들려주는 복소수 이야기

소수 꼴의 함수로 근사적인 표현이 가능하다는 것이죠. 다음 그림들을 보세요.

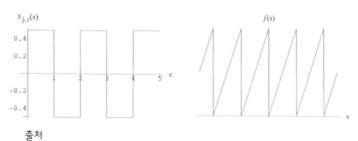

출처
http://mathworld.wolfram.com/SquareWave.html
http://mathworld.wolfram.com/SawtoothWave.html

이는 파동과 관련된 그림입니다. 이런 주기를 가진 그래프는 병원에서 환자의 심장 박동 상태를 파악할 때나 지진이나 화산으로 인한 일정한 간격의 진동을 측정할 때 나타나기도 하고, 바이오리듬에 나타난 감성리듬이나 신체 리듬에서도 발견할 수 있습니다. 이러한 그림들을 살펴보면 일정한 패턴이 계속 반복되는 것을 알 수 있어요. 이렇게 일정한 간격으로 같은 무늬가 반복되는 성질을 주기성이라고 하는데, 여러 가지 함수 중에서 주기성을 가진 함수는 어떤 함수이든지 복소수 꼴의 함수로 표현할 수 있다는 것이 푸리에 정리입니다.

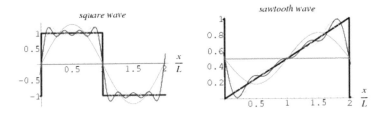

출처
http://mathworld.wolfram.com/FourierSeries.html

　푸리에는 18세기 후반의 수학자인데, 이러한 패턴의 그림을 보고 수학적인 식으로 바꾸어 해석을 하면 여러 가지 물리학적 이론과 결과들을 얻을 수가 있지요. 예를 들면, 위에서 나타난 모양들은 뾰족한 부분이 많기 때문에 미분과 적분을 할 때 어려움이 많아요. 하지만 이것을 부드러운 곡선인 복소함수 꼴로 고치게 되면 미분이 가능하기 때문에 그와 관련된 값인 일, 에너지, 속도, 가속도 등 물리적인 자료들을 수식을 이용하여 쉽게 구할 수가 있답니다. 이런 주기를 가진 함수는 이후에도 비슷한 패턴으로 계속 반복될 수 있기 때문에 앞으로 일어날 불안한 사고로부터 예방과 처치를 할 수 있어 일상생활에 많은 도움을 줍니다.

(3) 편리한 적분

적분은 주로 그래프에서 면적을 구하거나 부피를 구할 때 자주 사용합니다. 원의 넓이가 (원주율)×(반지름)×(반지름)으로 계산되는 것이나 원뿔의 부피는 (밑넓이)×(높이)÷3이라는 것 등은 여러분이 몇 가지 실험을 통해 공식을 확인했을 것입니다. 하지만 적분을 이용하면 왜 이런 공식이 나왔는지 아주 정확하게 이해할 수 있죠. 그래서 최근에는 물리학뿐만 아니라 경제학, 통계학, 수학, 전자공학 등 여러 과학 분야에서도 적분이 많이 쓰인답니다.

그런데, 보통 고교 과정에서 배우는 적분은 실수 범위에서 적분을 합니다. 실수에서 적분을 하다 보면 잘 풀리지 않는 적분도 많이 있습니다. 이런 경우 복소수 범위로 확장하여 적분을 하면 아주 간편하게 풀리는 경우가 있습니다.

다음과 같은 적분은 복소수를 이용하지 않고 실수 범위에서만 계산하려고 하면 도저히 방법이 떠오르지 않을 것입니다. 하지만, 복소수를 이용하면 아주 간단하게 해결됩니다.

$$\int_{-\infty}^{\infty} \frac{x^2}{1+x^4} dx = \frac{\pi}{\sqrt{2}}, \int_{0}^{\infty} \frac{\sin x}{x} dx = \frac{\pi}{2}, \int_{0}^{\infty} \frac{\sin^2 x}{x^2} dx = \frac{\pi}{2}$$

이러한 적분은 대학에서 복소함수론이라는 과목을 배우면 알수 있는 내용이에요. 그 기본적인 원리는 주어진 함수에 적당한허수 부분을 추가하여 간단한 복소수함수로 변형하여 복소수 범위에서 적분을 한 후 적분 값의 실수 부분만 취해 주는 것입니다. 이러한 방법은 적분에 있어서 매우 효과적이기 때문에 공학자들에게 불필요한 일을 상당히 덜어 주었답니다.

⑷ 프랙털의 응용

복소수 수열에서 수렴하는 상수 값을 복소평면에 나타내면 아름다운 모양이 나타나는데, 이런 무늬는 복소수의 특별한 성질이라고 할 수 있습니다. 실수는 수직선상에서 나타나기 때문에 특별한 무늬를 찾아보기 어렵지만, 복소수는 복소평면 상에 나타나기 때문에 실수가 가지지 않은 특별한 무늬나 모양을 발견할 수가 있습니다.

다음 그림은 만델브로 집합을 복소평면 위에 나타낸 것입니다. 신비한 모양을 하고 있지요? 이 집합은 복소수 수열 $z_{n+1}=z_n^2+a$ $(n=0, 1, 2, 3, \cdots, z_0=0)$이 어떤 하나의 값으로 수렴하기 위한 a의 값들을 모아 놓은 것입니다. 복소평면 위에

오일러가 들려주는 복소수 이야기

나타내면 다음과 같은 그림이 나타납니다.

예를 들어, $a=0$에서 $z_1=0$, $z_{n+1}=z_n^2$이므로 $z_n=0$이 되어 0으로 수렴하게 됩니다. 따라서 $a=0$이 만델브로 집합의 원소가 되며, 이 점을 복소평면에 검게 칠합니다. 이와 같은 방법으로 수렴하는 a값들을 복소평면에 나타내면 다음과 같은 그림이 나옵니다. 이렇게 간단한 식이 신비한 그림을 만든다는 것이 신기하지 않나요?

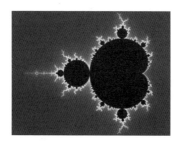

이 그림의 경계의 각 부분을 확대하면 여러 가지 신비롭고 아름다운 모양이 나타나는데 각각의 집합을 줄리아 집합이라고 합니다.

그림에서 주어진 수열이 얼마나 빨리 발산하느냐에 따라 조금씩 다른 색을 주었는데 여기에서 등고선 모양의 색깔이 나타나는 것을 알 수 있습니다. 줄리아 집합 테두리의 한 부분을 선택해서 확대하면 전체 모양과 닮은 모양을 하고 있는데, 이와 같이 전체와 부분이 닮은 모양을 하고 있는 것을 프랙털이라고 합니다.

옆의 고사리 그림을 보면 고사리의 잎이 또 다시 고사리와 닮았고, 그 잎의 잎도 고사리를 닮았습니다. 이처럼 프랙털은 우리 주변의 식물이나 자연현상에서 자주 발견되는 것으로 자연과 생명의 비밀을 발견하는 단서가 된답니다.

(5) 타키온과 허수

이 세상에 빛보다 빠른 물체는 없다고 합니다. 빛은 1초에 30만km를 가는데, 이는 1초에 지구를 7바퀴 반을 도는 속도입니다. 제 아무리 빠른 로켓도 1초에 1만km는 커녕 15km 정도밖

오일러가 들려주는 복소수 이야기

에 되지 않으니 빛의 속도에는 한참 부족한 속도이죠.

그런데 만일 광속보다 빠른 입자가 있다면 어떻게 될까요? 아인슈타인의 상대성이론에 따르면 속도가 빨라질수록 시간은 점점 느려진다고 합니다. 이것은 우리들의 상식으로는 이해하기 어렵지만 실험으로 사실임이 밝혀졌습니다. 즉 여러분이 매우 빠른 우주선을 타고 우주여행을 다녀 온 동안 우주선 안의 시간은 느

려지고 상대적으로 지구에서는 많은 시간이 흘렀기 때문에 여러분은 미래로 시간여행을 한 것이나 다름없습니다. 상대성이론에 따르면 어떤 입자가 빛의 속도로 간다고 하면 이론적으로 시간은 멈추게 되어 있습니다.

그런데 빛보다 빠른 입자가 있다면 어떤 일이 벌어질까요? 시간이 거꾸로 흐를까요? 과학자들 사이에 이에 대한 의문이 생기게 되었습니다. 과학자들에 의하면 현재까지 빛보다 빠른 입자는 없다고 합니다. 하지만 이론적으로 빛보다 빠른 입자가 있다고 가정하여 그 입자의 이름을 빠르다는 의미의 '타키온'이라고 붙였습니다. 영화 스타트랙에서도 '타키온'이란 용어가 나옵니다. 빛보다 빠른 입자를 말하지요. 이 타키온이란 입자의 질량은 빛의 속도에 가까울수록 허수가 된다고 합니다.

이번 시간에는 복소수가 실제 여러 분야에서 어떻게 활용되고 있는가를 알아보았어요. 복소수는 우리 실생활에서 직접적으로 보이지는 않지만, 우리 뒤에 숨어서 잘 드러나지 않으면서도 많은 도움을 주고 있는 수입니다. 복소수 중에서 특히 허수 i는 음수와 함께 역사적으로 수라고 인정받기까지 많은 시간이 걸렸습

오일러가 들려주는 복소수 이야기

니다. 하지만 이제는 떳떳하게 수로 인정받고 수학, 과학 등 여러 분야에 당당하게 한 몫을 하고 있어요. 복소수의 신비로우면서도 아름다운 성질을 통해 여러분들도 남모르게 도움을 줄 수 있는 아름다운 사람으로 자랄 수 있기를 바라요.

일곱번째
수업 정리

❶ 복소수가 수학, 과학, 공학 등 여러 분야에 쓰임을 알 수 있습니다.

❷ 복소수의 활용 분야를 우리 생활 가운데 찾아보고 그 중요성을 알도록 합시다.